安徽省教育厅新时代育人质量工程项目（2022ghjc033）
安徽省哲学社会科学规划青年项目（AHSKQ2020D193） 研究成果

安徽省研究生规划教材

A Coursebook on Translation of Agriculture-Forestry Science and Technology

农林科技翻译教程

主　编　刘成科　颜志蓉
副主编　刘晓萍　卢晶晶　杨　卉
编　委　金　洁　李　腊　夏　丹
　　　　徐　婧　杨孝莉　房蓓蓓

中国科学技术大学出版社

内 容 简 介

本书主要针对农林科技翻译工作中的问题，尝试从"理解当代中国"的宏观视角出发，按照历时和共时两个维度讨论农林科技翻译的发展脉络和主要策略，并结合传播学等相关理论，探讨农林科技对外交流和农业典籍外译面临的机遇和挑战。主要包括科技文体与翻译总览、农林科技翻译基础与进阶、农业科技对外交流和中国农学典籍外译等内容。

本书可供涉农专业的研究生、翻译硕士研究生、英语专业本科高年级学生学习使用。

图书在版编目(CIP)数据

农林科技翻译教程／刘成科，颜志蓉主编． -- 合肥：中国科学技术大学出版社，2024.11． -- ISBN 978-7-312-06166-0

Ⅰ．S

中国国家版本馆 CIP 数据核字第 20240884CG 号

农林科技翻译教程

NONG-LIN KEJI FANYI JIAOCHENG

出版	中国科学技术大学出版社
	安徽省合肥市金寨路96号，230026
	http://www.press.ustc.edu.cn
	https://zgkxjsdxcbs.tmall.com
印刷	合肥市宏基印刷有限公司
发行	中国科学技术大学出版社
开本	710 mm×1000 mm　1/16
印张	12.75
字数	272 千
版次	2024 年 11 月第 1 版
印次	2024 年 11 月第 1 次印刷
定价	58.00 元

前　言

随着我国农林科技的飞速发展和对外开放的深入推进,农林科技翻译工作的重要性日益凸显。然而,当前农林科技翻译领域面临着诸多挑战,如术语不统一、翻译质量参差不齐、对外交流能力有限等。为了培养具备高水平农林科技翻译能力和跨文化科技沟通能力的人才,我们编写了这本《农林科技翻译教程》。

本教材旨在从"理解当代中国"的宏观视角出发,深入剖析农林科技翻译的发展脉络和主要策略。按照历时和共时两个维度,系统梳理了农林科技翻译的历史演变和现状,探讨了农林科技对外交流和农业典籍外译面临的机遇和挑战。通过本教材的学习,读者将能够全面了解农林科技翻译的背景、现状和未来发展趋势,掌握有效的翻译策略和方法,提升自己在农林科技翻译领域的专业素养和实践能力。

在编写过程中,坚持"古今结合、中西互鉴、理实交融"的编写理念,力求使教材内容既具有深厚的理论底蕴,又紧密结合实际,注重实用性和可操作性。全书分为三大模块,分别是"科技文体与翻译总览"、"农林科技翻译策略"和"农业科技对外交流"。每个模块都包含了一系列精心挑选和设计的章节,旨在帮助读者逐步构建起完整的农林科技翻译知识体系。

在"科技文体与翻译总览"模块中,深入探讨了科技语域的类别与层次、科技翻译的科学性和艺术性等重要问题。通过对科技文体特点的分析,帮助读者更好地理解和把握科技翻译的本质和要求,为后续的翻译实践提供坚实的理论基础。

在"农林科技翻译策略"模块中,重点关注了农林领域的术语分类与翻译、复杂句式理解与处理、语篇结构与翻译、语料库与农林翻译等核心问题。通过具体的案例分析和实践操作,向读者展示了如何运用专业的翻译策略和技巧来处理农林科技翻译中的难点和重点,提升翻译的准确性和流畅性。

在"农业科技对外交流"模块中，着重介绍了国际农业合作、中国农业科技援外、中国农学典籍外译等实际应用案例。这些案例不仅展示了我国农业科技在国际舞台上的重要地位和影响力，也为读者提供了宝贵的实践经验和启示。

在编写过程中，始终坚持科学性与思想性兼顾的原则，以课程思政为导向，注重教材选材来源的多样性。既汲取了最新农业科技发展成果和评价方面的素材，也加大了对中国农业科技政策文本等方面的选取力度。精心筛选和编排这些内容，力求使教材难度适宜、价值导向积极、内容科学健康、文字精准优美。

此外，本教材还以翻译学、心理学、语言学、传播学等众多学科为理论依据，注重培养学生的综合素质和创新能力。针对我国研究生培养的教学规律以及学生的认知特点，特别突出了以下特色：

一是知识生成。注重农林科技翻译课程知识体系的系统建构，通过系统的理论和方法学习，让学生循序渐进地掌握农林科技翻译的特征，并具有一定涉农文体知识、农业语篇概念和科技文化意识。

二是价值引领。改变传统的翻译教学观，注重提高学生对科技语篇的深层认知，强化农业科技语篇的内在结构和鉴赏能力的掌握，实现翻译能力培养到文化认同提升的转向。

三是技术融合。特别注意及时吸纳最新的语料库语言学以及机器翻译、译后编辑等新技术，并将之渗透到教材编写中，以满足新时代下社会对涉农翻译人才的需求。

四是产出导向。注重搭建独具特色的农林科技翻译实践教学体系，引导学生参与丰富多彩的农林科技翻译实践锻炼，让学生在实践中切实提高涉农科技翻译的综合素养。

综上所述，《农林科技翻译教程》是一本系统、全面、实用的农林科技翻译教材，旨在为培养具备高水平农林科技翻译能力和跨文化科技沟通能力的人才提供有力支持。我们希望通过这本教材的推广和使用，能够为我国农林科技翻译事业的发展贡献一份力量。

全书由刘成科负责总体设计、拟定编写原则和大纲，并编写了第2章和第6章，颜志蓉负责具体指导、统筹调度及统稿，同时编写了第5章和第 7 章。金洁编写第 1 章，李腊编写第 3 章，卢晶晶编写第 4 章，杨卉编写第 7 章，夏丹编写第 9 章，刘晓萍编写第 10 章。安徽农业大学外国语学院的徐婧、孟瑜老师，研究生杨孝莉和房蓓蓓，以及外交学院骆佳慧等同学也参与了部分章节的撰写和校对。

在编写过程中，我们广泛参阅了国内外相关文献，引用了大量语料，力求使本书内容科学、准确、前沿。同时，也对部分内容进行了修改和完善，但由于篇幅所限，无法一一注明出处，对此我们深表歉意。

由于编者水平有限，书中难免存在错漏之处。恳请广大读者在阅读过程中不吝赐教，提出宝贵的批评和建议，以便我们不断完善和提高。

本教材的编写得到了安徽省教育厅新时代育人质量工程项目（2022ghjc033）和安徽省哲学社会科学规划青年项目（AHSKQ2020D193）的资助。在此，还要感谢安徽农业大学研究生院和安徽农业大学外国语学院对本教材编写工作的支持。最后，借此机会向在本书写作和准备过程中提供了各种意见、建议和帮助的同事与各位专家学者表示感谢。

本书编委会
2024 年 5 月 20 日

目 录

前言 ………………………………………………………………………… (i)

第1章 科技翻译总论 …………………………………………………… (1)
1.1 何谓科技翻译 ……………………………………………………… (1)
1.2 科技文体翻译的理论与方法 ……………………………………… (2)
1.3 科技翻译的标准 …………………………………………………… (5)
1.4 我国科技翻译简史 ………………………………………………… (6)
1.5 科技翻译与当代中国 ……………………………………………… (11)

第2章 农林科技文体与翻译 …………………………………………… (14)
2.1 农林科技文体特征 ………………………………………………… (14)
2.2 农林科技文体翻译方法 …………………………………………… (24)

第3章 专业词汇的理解与翻译 ………………………………………… (34)
3.1 农林科技英语的词汇特征 ………………………………………… (34)
3.2 词义的锚定与表达 ………………………………………………… (38)
3.3 农林专业词汇在段落中的处理 …………………………………… (44)

第4章 复杂句式的翻译处理 …………………………………………… (49)
4.1 词句转换 …………………………………………………………… (49)
4.2 人称物称转换 ……………………………………………………… (53)
4.3 正反译法 …………………………………………………………… (57)
4.4 主动被动转换 ……………………………………………………… (60)
4.5 省略/替代与重复转换 …………………………………………… (64)
4.6 线型-环型结构转换 ……………………………………………… (66)

第5章 语篇理解与篇章翻译 …………………………………………… (70)
5.1 语篇衔接与连贯 …………………………………………………… (70)
5.2 主位推进模式与语篇解读 ………………………………………… (79)
5.3 语篇解读与翻译 …………………………………………………… (86)

第6章 技术驱动下的农林科技翻译 …………………………………… (98)
6.1 翻译技术概述 ……………………………………………………… (98)

6.2 搜索技术与翻译 …………………………………………………… (104)
6.3 术语管理技术 ……………………………………………………… (109)
6.4 语料库技术与翻译 ………………………………………………… (113)

第7章 农林科技语言服务 …………………………………………… (116)
7.1 语言服务 …………………………………………………………… (116)
7.2 不同领域的农林科技语言服务 …………………………………… (120)
7.3 农林科技语言服务人才的培养 …………………………………… (124)

第8章 农林科普与学术翻译 ………………………………………… (128)
8.1 农林科技文体的定义与分类 ……………………………………… (128)
8.2 农林科普文体的特点与翻译策略 ………………………………… (129)
8.3 农林学术文体的特点与翻译标准 ………………………………… (136)

第9章 涉农会议口译实践 …………………………………………… (147)
9.1 涉农会议口译概述 ………………………………………………… (147)
9.2 口译前的准备 ……………………………………………………… (148)
9.3 口译笔记 …………………………………………………………… (150)
9.4 语言服务礼仪 ……………………………………………………… (154)
9.5 译员素养 …………………………………………………………… (155)
9.6 口译实践练习 ……………………………………………………… (156)
9.7 口译技能的评估和提高 …………………………………………… (160)

第10章 农学典籍英译 ………………………………………………… (162)
10.1 农学典籍英译概述 ………………………………………………… (162)
10.2 陆羽及其《茶经》英译 …………………………………………… (171)
10.3 宋应星及其《天工开物》英译 …………………………………… (186)

参考文献 ………………………………………………………………… (195)

第 1 章　科技翻译总论

1.1　何谓科技翻译

科技翻译,概而言之,是一种以传达科技信息为主要目标的翻译活动。黎难秋先生认为广义的科技翻译内容涵盖自然科学和社会科学[①],是指"含哲学、自然科学、技术工程及除宗教、文学艺术以外其他社会科学的内容的翻译"[②]。然而,在今日的多数语境下,科技翻译常取其狭义理解,即自然科学翻译、技术翻译和工程翻译。随着人类社会经济的发展和国际交往的增多,科技文本已成为一种非常重要的语言表现形式,与每一位社会成员都产生了紧密联系,科技翻译也成为一项重要的翻译实践活动。

科技翻译涉及众多的科技行业或领域,如机电、生物、医学、化工、农林等。科技文体的语域层次多、范围广、跨度大,翻译对象既包括充斥着大量术语、符号和公式的纯科技文本,也有文学味道浓郁的科幻作品。根据文体的正式程度,科技文本大体可分为面向专业人士的专利说明书、标准和技术合同、科研论文和操作规程等专用科技文本,以及面向大众的科普文章、科技新闻、产品说明书等普通科技文本。译者服务的对象不仅有技术人员,也有非专业人士和普通读者,因而科技翻译的译者在寻求译文的"适合性"方面面临更高难度的挑战。

不管是专用科技文本,还是普通科技文本,科技文本都具有自己独特的文体特征。总体而言,英汉两种科技文本都具有语言规范、语气正式、陈述客观、逻辑性强、信息量大以及大量使用公式、图像和表格等特点。以科技英语为例,作为专用英语(English for Special Purposes)的一个重要分支,科技英语以概念的准确性、判断的严密性、推理的周密性为特征,词汇方面较多地使用专业术语;句法方面广泛使用名词化结构、被动语态、逻辑性定语和各种类型的复合句,句子较长,句型变

---

① 关于科技翻译和科学翻译的术语界定,周召光院士曾有明确意见,科学不等同于科技,科学中可以含有科技,而科技中不一定含有科学,因而科学翻译,不仅包括自然科学翻译,还包括社会科学翻译。在实际运用中,由于科学与技术在 20 世纪的逐渐合流,科技翻译这一术语更普遍为业界接受。

② 黎难秋. 中国科学翻译史[M]. 合肥:中国科学技术大学出版社,2006:1.

化较少;语篇上则呈现多层次、立体式结构等特点。

长期以来,科技翻译和文学翻译、宗教翻译共同构成我国翻译实践活动的三大领域。与文学翻译一样,科技翻译也是一项极复杂的创造性活动,科技翻译工作者和文学翻译工作者一样也需要多方面的知识和技能。一篇好的科技译文同样产生于认真思索、反复推敲的辛勤劳作中。由于译者水平不同、钻研的程度不同,科技译文的质量也有高低之分。

1.2 科技文体翻译的理论与方法

二战后,西方翻译实践进入了职业化时代,应用翻译迅速繁荣,各类应用文本的翻译在翻译实践中所占比重越来越大。应用翻译不再像此前的宗教翻译和文学翻译具有"神圣性"和"经典性",而是表现出实用性、目的性、专业性、匿名性和商业性等特点。虽然中外学者对应用翻译范畴的界定意见不一[①],但一个较为普遍接受的观点是:应用翻译是包括除文学翻译与权威性学术著作之外的所有文本的翻译,包括科技、时政、经济、商贸、旅游等所有应用性文本。我国在改革开放后,翻译对象也由原先的宗教文献、文学名著和社科经典为主演进到以科技、经济、政府公文、旅游、媒体和娱乐等非文学性质的应用文体为主。

作为在一定的交际环境下合乎目的的整体性跨文化交际行为,应用文本的翻译更注重翻译的功效,传统的"忠实""原文至上"等翻译方法日渐显露出在指导应用翻译实践中的软肋,因为译文在忠实于原文的时候往往忽略了更重要的东西,即语言在语境下的意义和文本的意图。随着应用翻译的繁荣,人们有关翻译的观念也发生了深刻变化,译论呈现多元化趋势,各种解释翻译过程和翻译结果的理论不断产生,如功能论、目的论、释义理论和译者行为理论等。

1.2.1 德国功能派翻译理论

翻译理论中的功能派(Functionalist Approaches)诞生于20世纪70年代的德国,其创始人为卡塔琳娜·莱斯(Katharina Reiss,德国功能派第一代领军人物,图1-1)。在1971年出版的《翻译的可能和制约》(*Translation Criticism：The Potentials & Limitations*)一书中,莱斯建立了她的功能文本类型学,提出理想的翻译是译文与原文在概念内容、语言形式和交际功能等方面对等的翻译。译者在整个翻

---

① 纽马克区分了文学翻译、权威文本翻译和专门翻译;霍恩比区分了文学翻译、普通语言翻译和专门语言翻译;国内方梦之认为应用翻译的范围包括文学和纯理论文本之外所有文本的翻译。

译过程中的参照系不应该是传统翻译理论所注重的原文及其功能,而应该是译文在译语环境中所预期达到的一种或几种交际功能。因为原文和译文是两种独立的具有不同价值的文本,各有不同的目的和功能,不同文本的功能和目的不一样,所以翻译的要求和标准也不一样,一切需根据翻译目的和文本功能类型而定。

莱斯认为,文本类型与翻译方法互相关联,但是以往的文本分类法却无法建立起文本类型与翻译方法与策略之间的联系。莱斯建立的文本功能三分法,以文本的主要功能为依据,将文本分为表达型、信息型和呼唤型三类,并对相应的翻译策略进行梳理,对应用翻译实践具有一定的指导意义(表1-1)。

图 1-1　卡塔琳娜·莱斯(1923—2018)

表 1-1　莱斯"文本功能种类"

文本类型	文 本 种 类	翻 译 策 略
表达型	散文,传记类文学作品,通俗小说,想象性文学作品(轶事、短篇小说、长篇小说、传奇、纯文学等),各类诗歌等	除了要复制原作语义内容,还要"尽力创造同等的审美效果"
信息型	新闻发布与评论,新闻报道,商务信函,商品目录,操作指南,使用说明,平庸小说,专利说明,协议,文书,教育类著作,各类非小说类书籍,论文,报告,人文、自然与其他科学领域的专业文献	译者首先要致力于语义对等,其次才考虑联想意义和审美因素
呼唤型	广告,宣传,布道	内容和形式都附属于文本意图达到的言外之作用,因而译者不能拘泥于原文的内容和形式,要获得对等的说服力

从莱斯对文本功能的类型划分来看,信息型文本主要是向读者传递知识与信息,其译文应充分传达原文的指涉功能,语言和风格的选择也要服务于这个功能,而不能影响这一功能的发挥。大多数科技文本都是一种典型的信息型文本,重在向读者传递文本信息,信息的真实性是第一位的。因而,科技文本的翻译普遍要遵循忠实、准确和严谨的原则。

1.2.2 功能目的论

1984年,莱斯和另一位德国学者汉斯·J. 弗米尔(Hans J. Vermeer)在合作撰写的《翻译理论基础概述》(General Foundations of Translation Theory)中正式提出功能主义的目的论(Skopos Theory)这一理论。在目的法则下,功能派的翻译标准不再是"功能对等",而是"充分性"(Adequacy),即翻译是否达到了翻译的目的以及是否符合翻译任务提出的要求。它向译者明确说明,"目的决定手段",对等只是一种可能或要求,而侧重源文化和侧重目的文化、满足目的文化期望值都只是多个选项之一。

目的论作为功能派的核心理论,是对"对等论"的反拨。Skopos是希腊语,表示目的。目的论有三大法则,其首要法则是目的法则(Skopos Rule),在目的法则之下又有两个附属法则:连贯法则(Coherence Rule)和忠实法则(Fidelity Rule)。目的法则是译者要遵循的首要法则。根据目的法则,决定翻译过程的不是源文本,而是目的文本的预期功能或目的。在翻译过程中,译者将源文本看作信息源(Offer of Information),从中选择读者感兴趣或重要的信息,在这一过程中译者必须考虑目的读者的背景知识和目的文化的情境,向目的读者提供与目的文化和交际情境相连贯的信息源,这便是连贯法则。忠实法则位于连贯法则之后。如果翻译的目的是再现原文的形式(如逐句翻译),那么连贯法则不起作用。目的论突出了翻译的现实特性、社会特性和专业语境,顺应了现实社会的需求,突出了"译有所为"的目的性。该理论将翻译视为一项有目的的交际活动,在整个翻译过程中起主导作用的是译文在译语文化中所要达到的交际目的。

作为应用文本翻译的一种,科技翻译的目的是现实和明确的——传达原文科技信息,传播科技知识,进行科技交流。因而,科技翻译要求译者在翻译中,更多考虑如何最有效地实现译文的功能与预期目的,使译文传递的信息更便于读者理解和接受,原文的形式和内容往往要服从译文的需要,服从文本的交际功能。具体地说,译者受委托人的委托,接受翻译任务,同时也就明确了翻译的具体目的,所以译者对翻译采取前瞻的态度。译文的交际目的或要达到的预期功能又决定译者需要采取合适的翻译方法与策略。开译之前,译者要了解委托人或客户对翻译的要求和目的,也就是要了解译文的预期功能、译文的读者和译文的传播媒介等。这就是所谓的翻译要求(Translation Brief)。翻译要求也可以由译者和委托人共同完成。译者根据翻译要求制定翻译策略,灵活选择翻译方法与形式。译者对源语文本信息的选择、翻译策略的运用以及译文的表现形式,由翻译委托人和译本接受者的需要决定(图1-2)。

德国学者提出的功能目的论无论是对于指导科技翻译实践,还是对于深化科技翻译研究都具有重要意义。

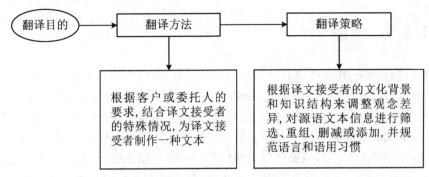

图 1-2 "目的论"视角下翻译的过程

1.3 科技翻译的标准

翻译标准是翻译理论的集中体现,是翻译实践应该遵循的基本准则。近年来随着科技文本的大量涌现和机器翻译的不断普及,"硬译、死译、胡译"等现象较为普遍,甚至有人认为,只要懂得英语语法和专业术语就能从事科技翻译工作。虽然科技翻译较多强调客观性,"但绝不是毫无主观艺术性"。不管是文学语言还是科技语言,都是整个语言系统中的一个子系统,在语言共核标准之外,都还有自身的独特性。这些独特性对翻译的标准起到具体的调节作用。以科技英语翻译为例,其翻译标准应区别于文学翻译,总体上遵循以下基本原则。

1.3.1 准确

准确性是科技翻译的核心。应用翻译体裁中最具"信息"功能的文本当属科技文本。译者的首要任务是有效突出文本的功能,保证译文信息传递的真实性和准确性。科技翻译的任何错误,甚至仅是不准确都会给科学研究、学术交流和生产发展带来不良影响乃至巨大损失。

信息传递的效果、内容的精确与表达的规范是科技翻译的核心和基准。奈达认为,"内容的精确不应以(译文)对原作者的'忠实'来判断,而应以传递的信息不被译文读者误解作为判断的基准"(Accuracy of content should not be judged primarily in terms of "being true" to the author, but in not causing misunderstanding of the message by those for whom the translation is intended)。[①]

[①] Nida E A. Language and culture:contexts in translation[M]. Shanghai:Shanghai Foreign Language Education Press,2001:129.

1.3.2 通顺

科技翻译是一种以传递科技信息为主,同时注重信息传递效果的实用型翻译。科技翻译不仅追求精确与真实,还要讲究译文的斟词酌句与行文布局。翻译时若单纯强调原文传递的"真实信息"而忽视读者效应,就有可能导致译文生硬牵强、佶屈聱牙,从而破坏信息传递的效果。特别是在英汉科技翻译中,由于两种语言不同的行文习惯和结构差异,更要求译者在行文用字时倍加谨慎。"很大一部分此类文章通常写得不太好,有时还欠精确,'更正'一些文章的内容和文体形式是译者通常要做的事"(… a high proportion of such texts are poorly written and sometimes inaccurate, and it is usually the translator's job to "correct" their facts and their style).[①] 译文语言既要准确客观,还要具有可读性,要使译文读者能以原文作者理解原文的方式从译文中获取相关科技信息。虽然信息准确、客观是科技翻译的要旨,但并不意味着译文生搬硬套。倘若一味"求信",就会带来"硬译、死译、胡译"等现象,其效果不堪卒读。

1.3.3 得体

王佐良先生曾说过:"似乎可以按照不同的文体,定不同译法。"不同文体有不同的翻译要求,宜采用不同的翻译方法。文体研究的一个主要目的就是探索语言使用的得体性。翻译不可能脱离文体,科技翻译也强调译文语言的得体性。遣词造句、谋篇布局上也会涉及选择的问题。译入语的选择目的是使译文得体。一般来说,专用科技文本的特征是表述客观,行文规范,用词正式,句式严谨;而普通科技文本往往采用自然语言,用词生动,句法简易,文风活泼,多用修辞格。无论哪一种文本,译者的任务都是寻找最好的修辞方法和手段使读者易于接受。

总的来说,对于英语科技文本的翻译,要做到表述准确,避免歧义;叙述清楚,富有逻辑;注重信息传递,用语专业、规范。在译文形式上,也可以根据读者和社会的需求,灵活采取摘译、编译、评述、综述、阐译、改译等多种"变译"形式。

1.4 我国科技翻译简史

在人类文明史上,自从有邻邦的互相交流以来,科学技术方面的知识一直是不

---

① Newmark P. A textbook of translation [M]. Shanghai: Shanghai Foreign Language Education Press, 1988:40.

同民族和国家相互借鉴和学习的重要内容。其中,翻译所扮演的桥梁与媒介角色是不言而喻的。正如意大利文艺复兴哲学家迪奥丹多·布鲁诺(Giordano Bruno)所言,"所有的科学中都有翻译的产物"。科技文献译者的翻译工作不仅使先进的科学技术在不同的语言文化中获得广泛的传播,刺激了目标文化中的科技发展,同时还使全球知识中心增多,从而打破了知识的垄断。①

与其他国家、民族一样,我国的科技翻译同样始于与外民族的交往。在数千年的文明演进过程中,我国科技文化与外国科技文化在交流中取长补短,相得益彰。一般认为,我国的古代科技翻译始于东汉末年,作为佛经翻译的副产品而产生。

佛经翻译从两汉之交开始,兴于两晋,盛于隋唐,衰于宋代。在持续一千多年的译经期,僧侣在翻译佛经的同时也翻译了一些古印度医药学、天文学及算学文献。我国佛经翻译的创始者安世高是目前可考的最早的天文学和算学文献的译者。据道安《综理众经目录》记载,安世高翻译的《舍头谏太子二十八宿经》介绍了古印度的天文知识,为我国最早的天文学译作。

隋唐时期由于我国对外交流空前繁荣,科技翻译也较前朝更为进步。除了古印度外,阿拉伯世界的天文、历算和医学也渐渐传入我国(图1-3)。其中,影响比较大的有隋唐年间传入我国的《九执历》《婆罗门天文经》《宿曜经》《都利聿斯经》等。

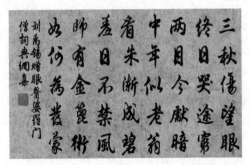

图1-3 刘禹锡《赠眼医婆罗门僧》:诗中有关印度医僧治疗唐代白内障患者的描写

在明末第一次科技翻译高潮到来之前,我国科技翻译已经有了一千多年的实践历史。但是,这一时期的科技文献的翻译往往由译僧独自完成,内容比较零散,而非科学技术的系统性介绍。因此,这一时期的科技翻译活动充其只能算是佛经翻译的附庸。

但是,长期大量的佛经翻译实践给后世留下了许多有关翻译的经验与体会,例如,支谦的"因循本质,不加文饰",道安的"五失本,三不易"之说,鸠摩罗什"详其意旨,审其文中,然后书之"的意译方法,玄奘的"五不翻"原则等。这些来自佛经翻译

---

① Delisle J, Judith W. Translators through history[M]. Amsterdam: John Benjamins Publishing Company, 1995: 101.

的经验与体会初步构筑了我国早期的翻译理论,为后世翻译提供了宝贵的借鉴资源。

千年译经期结束后,我国科技翻译大体经历了三个高潮时期[①]:明末清初、清末和改革开放之后。这三次科技翻译高潮对传播科技文化、推动我国社会进步影响尤其深远。今天,我国第三次科技翻译高潮仍然在持续,并随着当代中国与世界格局的深刻变化获得源源不断的发展动力。

1.4.1 明末清初第一次科技翻译高潮

14世纪前,我国的科技水平一直处于世界先进地位[②],因而对科技的输入远远少于输出。文艺复兴之后,尤其是科学革命之后,西方的科学技术在原来的基础上获得了突破性的大发展,科技水平呈直线上升的态势。

明万历朝时期,随着基督教传教士的入华传教,西方科技文明以天文、历算、机械、冶金和制造等知识体系为载体渐次影响中国。这一过程从明末一直持续到清朝中叶才逐渐式微,清末民初再次出现学习西方科技的热潮,这两个阶段史称"西学东渐"。

随"西学东渐"浪潮到来的是我国历史上第一次科技翻译高潮。西方基督教教士入我国传教的同时带来了数学、天文、地理、水利、历算和兵器等科学书籍,原本相对平行发展的中西科技有了第一次的密切交集。科技交流必然伴随着科技翻译。这一时期从统治阶级到知识分子都表现出一种接纳西学的倾向。明朝廷以崇祯帝为代表,迫于政治形势和修历的目的,于1692年始设立历局,开始组织传教士与我国历算知晓人士系统编译数学和天文书籍。

以徐光启、李之藻和王征为代表的先进知识分子则基于"学有所长,技术兴国",主动学习和接受西方传教士所传递的西学理论和思想,在翻译和传播西方科学技术方面起到了突出作用。被称为"科学译祖"的徐光启(图1-4)先后与西方传教士利玛窦和熊三拔等人合作,翻译了多部西方著名的科学著作,其中尤以《几何原本》和《泰西水法》最为著名,在科技翻译史上作出了开创性的贡献。梁启超曾指出:"明末有一场大公案,为中国学术史上应该大笔特书者,曰:欧洲历算学之输入。"这里所提及的"欧洲历算学之输入"指的正是徐光启和利玛窦合译《几何原本》这一科技翻译活动。徐光启在该书译文里首倡的"平行线""三角形""直角""锐角"

[①] 关于我国科技翻译笔译史(外译中)的分期问题,黎难秋先生根据翻译活动在连续时间、规模、成果、文种以及对我国科学文化的影响各方面的特点,在《中国科学翻译史》一书中提出六个时期的划分:附庸期(汉魏至唐宋)、萌芽期(明末清初)、成长期(清末)、形成期(民国)、特殊发展时期(1950—1966年)和全面发展期(1978年至今)。其中,萌芽期、成长期和全面发展期对应三次科技翻译高潮。

[②] 刘大椿在《中国近现代科技转型的历史轨迹与哲学反思》(卷一)中认为在16世纪之前,中国科技和西方科技属于两个独立的科技规范,并无可比性。

"钝角"等数学术语,不仅沿用至今,还影响了日本、朝鲜等国的相应译名。

在翻译西方科技文献的过程中,徐光启提出了"翻译—会通—超胜"的翻译三阶段说。其"会通中西"主张中西方科学融合的思想促进了晚明科技发展的成就,也为我国科技发展奠定了基础。

图1-4 "科学译祖"徐光启(1562—1633)

明清之际西方科技知识的传入是在比较特殊的历史条件下发生的。它由传教士出于一定的政治目的与宗教目的带入我国,传入后又只在社会上层的一部分文人学者中传播。因此,无论是传入的知识本身还是产生的影响都有很大的局限性。此外,由于徐光启等人不谙外文,不能主动选择源文献,翻译过程由外人口授,徐氏等笔录并加以润色成文,因而这一时期的翻译工作仍然受制于人,译书不仅数量不多,涉及学科深度也不够。

1.4.2 清末第二次科技翻译高潮

明清之际的传教士虽然给我国士大夫带来了最新的科技知识,但是由于种种历史原因,我国能够了解到西方科技的知识分子并不多。直到19世纪末,西方科技才在我国广为传播,并对我国知识分子产生普遍影响。自魏源疾呼"师夷长技以制夷"之后,在清末这个"三千年未见之变局"的时代,一批先觉的中国人开始将目光投向西方,通过译介、留学、引进科学符号和方法、创办现代教育等手段,努力学习他人之长,以寻求中国自立富强之途。

19世纪30年代之后,林则徐、魏源和徐继畬等爱国官员开始译述外国时事、军事和地理等资料,成为睁眼看世界的先驱。林则徐、魏源和徐继畬虽然不通外语,但是较早重视并组织翻译外国资料,是清末科技文献翻译的先驱,不仅为同时代的人了解外部世界作出了贡献,也对我国近代史产生重大影响。尤其值得一提的是,从林则徐翻译敌情资料开始,我国科技翻译逐渐摆脱对外国传教士的依赖。

在李鸿章、曾国藩和左宗棠等洋务派人士的积极推动下,清末还出现了一批兼学外语和科技知识的近代学堂和翻译出版机构。

1862年,清廷被迫建立了培养外语人才的京师同文馆(图1-5),任命徐继畲为总管同文馆事务大臣。京师同文馆培养了首批近代翻译人员与外交人员,并产生了少量能独立笔译的人员。译员兼习译书,翻译了一些法律、外交、历史、政治、经济、解剖、化学、天文等书籍,但仅数十种而已。1865年,曾国藩在上海创立江南机器制造局。为满足工厂生产制造的需要,1868年,江南制造局翻译馆成立,由"能晓制造与格致之者"徐寿主其事,傅兰雅、华蘅芳等翻译了一大批军事、舰炮、工艺、格致诸书。以兵工中学堂(1869)、强学书局(1895)、南洋公学译书院(1895)和商务印书馆编译所(1905)等为代表的翻译机构也先后翻译出版了大量科学技术文献和教科书。大批外国先进科技文献的翻译和出版使更多的中国人开始了解世界。

图1-5 京师同文馆:我国第一所官办外语专门学校

清末的科技翻译不但规模空前,翻译成果的质量都远超明末时期,而且在翻译活动中更好地体现了自主独立的精神。

在近代,没有一种文化像科学那样对近现代社会的文明和进步产生如此深远的影响,也没有一种文化像科学那样受到如此重视与推崇。从两汉之交的佛经翻译,到鸦片战争之后的睁眼看世界,西方近代的一些科学知识和理论都是通过翻译的渠道传入我国。科技翻译对我国近代科学技术的发展起到不可磨灭的作用。

1.4.3 改革开放后第三次科技翻译高潮

新中国成立后,为了适应大规模经济建设的需要,党和政府十分重视外语人才的培养和科技翻译工作的开展。尤其是改革开放之后,我国进入了在平等互利基础上全方位地与世界各国交流与合作的时期。随着与国外科技界的交流合作日益频繁,大量技术资料、合作协议、产品开发和众多大型国际学术会议都离不开科技翻译,我国的科技翻译事业迎来了又一个高潮期。

今天,我国的第三次科技翻译高潮仍然在继续,并且日益呈现出蓬勃发展、方兴未艾之势。这一次的科技翻译高潮无论在规模和范围上,还是在质量和水平上,都是前几次科技翻译高潮无法比拟的,对我国社会发展的贡献也是史无前例的。作为服务于经济建设的先导力量和与世界沟通的桥梁,科技翻译的作用愈发突出。科技翻译的作品,或直接转化成生产力,或成为科学研究的手段和条件,或成为行政决策的依据。不仅如此,这一时期科技翻译队伍迅速壮大,科技翻译逐步成为我国翻译事业的主体,相对固定的职业科技翻译人员达到 50 余万[1],业余科技翻译人员则无法统计。

随着国门的打开,国外形形色色的社会思潮涌入,各种翻译理论流派随之而来,功能对等理论、功能目的论、读者反映论和逻辑翻译理论等国外译论都曾对我国的科技翻译起过指导作用。加之我们长期积累的翻译实践经验亟须上升为理论,因而这一时期我国的科技翻译研究也开始在国外译论的影响下"异军突起",有关科技翻译的研究论文在数量上基本可以和文学翻译研究等量齐观(表 1-2)。

表 1-2   1950—1999 年科技翻译论文数及其与翻译论文总篇数的比例[2]

年 份	科技翻译论文		翻译论文总数
	数量	百分比	
1950—1979 年	43	5.7%	760
1980—1989 年	294	11.5%	2550
1990—1999 年	889	15.9%	5600

然而,在翻译需求数量不断攀升的同时,作为科技翻译人员主要培养阵地的高校,却日益暴露出翻译教学与实践的脱节等问题。毕业生翻译技能不扎实,知识面狭窄,往往不能胜任不同专业领域所需的高层次翻译工作,致使翻译领域特别是高级翻译领域的供需矛盾日益突出,不能满足经济和社会发展的需要,因而从数量上和质量上,都对高水平科技翻译人才的培养提出了迫切要求。

为适应我国改革开放和社会主义现代化建设事业发展的需要,2006 年经教育部批准设置本科翻译专业,2007 年国务院学位办批准设立翻译专业硕士点(MTI),为我国培养高层次、应用型、职业化的翻译人才提供了重要的途径,这标志着我国职业化翻译人才培养的起步,也为翻译学科的建设和发展提供了新的契机。

1.5   科技翻译与当代中国

进入新时代后,我国国际地位的不断提高对科技翻译事业又提出了更高的要

---

[1] 黄忠廉. 科学翻译的分类及其作用[J]. 四川外语学院学报,2004(7):106-110,131.
[2] 方梦之. 近半世纪我国科技翻译研究的回顾与评述[J]. 上海科技翻译,2002(3):1-4.

求,科技翻译事业面临着更加广阔的机遇,也面临着更加严峻的挑战。当前,我国科技翻译活动在科技革命和全球化环境下也呈现出各个时代都无法比拟的特点。

1.5.1 科技翻译市场急剧扩大

当代科技革命风起云涌,人类正处在一个高新科技尽领风骚的时代。科技生产力的发展使得科技与社会一体化的趋势日益明显。科学技术已然成为第一生产力,是"历史的有力的杠杆",是"最高意义上的革命力量"。科技发展与国家经济建设的关系比以往任何一个时代都更加紧密。某种意义上,科学技术已经成为当代经济社会发展的决定性力量和最重要的战略资源,成为生产力中最活跃的因素和综合国力竞争中最激烈的战场。科技翻译作为我国科学技术发展和社会主义经济建设中必不可少的一个环节,自然面临着市场急剧增大的压力与挑战。要想应对时代挑战,跟上时代步伐,新时期的科技翻译必须依靠科技实现翻译手段的进步。信息技术,特别是网络技术的发展给翻译产业带来了前所未有的机遇,信息技术和电子翻译工具彻底改变了翻译的产生模式。译者要充分利用各种翻译技术在翻译领域的广泛使用,如机器辅助翻译、翻译记忆、术语管理、软件本地化工具、在线词典、术语库和语料库等。

1.5.2 译者"国家意识"日益凸显

国家经济建设离不开科技翻译工作,经济建设高潮也带动了科技翻译事业的发展。新时期,科技翻译不仅在经济建设领域得到前所未有的发展,还将进一步对政治、外交、文化、军事和对外传播等各个领域产生深远影响。不同于一般翻译,科技翻译往往承载着强国目的与内涵。一般而言,科技翻译常常受国家和政府的委托而展开,国家作为翻译的高位主体自然凸显了国家意识的必要性和重要性。作为科技翻译工作者,我们需要思考如何妥善处理好维护国家主权与学习国外先进科学技术之间的关系。当代中国已经不仅仅是对外开放融入世界体系的受益者,还是世界和平的守护者、世界发展的推动者和全球治理的改革者。科技翻译工作者不仅肩负着译传世界先进科学技术的重任,还肩负着让世界了解中国、向世界介绍中国式现代化道路的重要使命,要在中国与世界的互动中向世界展示真实、立体、全面的中国形象。只有在国家意识的指引下,将国家意识和译者意识统一起来,切实做到坚守中国立场,阐明中国主张,揭示中国价值,表明中国格局,才能产生利国利民的翻译佳作。

1.5.3 从单向交流到多元互动

文明是交互影响的,科技翻译不应该是单向的。如果说我国历史上前两次科技翻译潮是以外译中为主的,那么改革开放之后尤其是新时期的科技翻译高潮,则面临着对外介绍中国和让外部世界了解中国的迫切需求。

随着全球化进程的加速,科技翻译不仅在引进的环节起作用,更要在"中译外"输出环节中承担更加重要的使命。"中译外"成为当前国内科技翻译的一项新任务。以农林科技英语翻译为例,在我国近万年的农业发展史中,我们的祖先创造了灿烂的农耕文明,留下了丰富的农学遗产。我国的农业四大发明、传统农业文明孕育的细腻精湛的农业生产技艺、珍贵的农业古籍,以及追求"田地人稼"和谐统一的可持续发展理念等都曾对世界农业文明的发展进程产生过深远影响,尤其以《齐民要术》(我国古代五大农书之首,图 1-6)《天工开物》《农政全书》《授时通考》《茶经》《农桑辑要》等为代表的中国农业古籍,对各国农业的现代化发展仍有借鉴意义。以上这些都是今天我们在农林科技英语翻译中进行"中译外",让世界了解中国的宝贵资源的重要原因。

图 1-6　北魏贾思勰所著《齐民要术》

1.5.4　中国科技翻译理论体系的构建

"翻译者,凭借翻译理论的科学论证及方法论的引导,在实践中应能有选择地'实施'翻译理论所提供的'参照性指令。'"[①]翻译理论是翻译活动从"经验"上升到"经验科学"的关键,使得翻译活动不再仅仅是"匠人式的技艺"。我国科技翻译研究在改革开放后取得了长足的进步,在整个翻译研究中的比重大大增加,这与我国改革开放后经济建设蓬勃发展,贯彻"科学技术是第一生产力"的指导思想是分不开的。但是,很长一段时间内我国科技翻译研究都是受外国译论推动的,尤其是受到西方现代语言学影响极大。因而,对科技翻译的研究或者立足于国外译论展开泛泛探讨,或者局限于技巧、译法的探讨以及译者个人经验的总结。

当下,构建中国科技翻译理论体系既是将我国大量科技翻译实践上升到理论的现实需要,也是中华民族文化全面复兴和强国建设的必然之举。立足我国翻译事业的大规模实践,改进研究方法、拓宽研究视阈,建构理论联系实际的、科学的、开放的中国译学话语体系,提出具有自主性、原创性的理论观点,将是应用翻译研究者未来要思考的方向和不可回避的重任。

---

① 刘宓庆. 新编当代翻译理论[M]. 北京:中国对外翻译出版公司,2005:2.

第 2 章 农林科技文体与翻译

2.1 农林科技文体特征

农林科技文体作为科技文体中的一个重要分支,不仅继承了科技文体的一般特性,更在长期的学术探索与实践应用中,逐渐形成了其独特而鲜明的语言风格。在这一文体中,专业性词汇和相关术语的广泛运用,无疑是其最为显著的特点之一。这些词汇和术语不仅体现了农林科技领域的专业性,也展示了该领域知识的广泛性和复杂性。

农林科技文体在行文上,严格遵循规范,逻辑严密,句式结构复杂多变。它涵盖了林业、渔业、畜牧业等多门学科的丰富知识,使得每一篇农林科技文献都如同一座知识宝库,等待着人们去发掘和探索。农林科技文体的这些特性,使得对其进行翻译时,翻译人员的专业知识和技能水平需满足极高的要求。翻译人员不仅需要具备扎实的语言基础,还需要对农林科技领域有深入的了解和研究,以确保翻译的准确性和科学性。

在本章中,我们将从词汇、语法、语篇三个层面深入剖析农林科技文体的主要特征,然后针对这些特征提出相应的翻译策略和方法,以期为农林科技英语的翻译工作提供有益的参考和借鉴。

2.1.1 词汇特征

1. 专业术语多

受到专业领域的影响,农林科技文体中专用词汇和科技类词汇较为丰富。这些专业词语使用范围狭窄,具有强烈的针对性,显著体现了专业性特征,能够客观准确地表达具体概念。专业术语在农林科技文体中是一种常见的词汇类型。例如,在动物科学领域涉及的词汇有 vertebrate(脊椎动物)、animal nutrition(动物营养学)、essential amino acid(必需氨基酸)、anti-nutritional factor(抗营养因子)、ointment fertilizer(软膏肥料)等;而在农业种植方面,涉及的词汇有 obligate photosynthesis(专性光合成)、humus(腐殖质)、papaya(番木瓜)、soil fertility(土壤肥力)、chlorophyll(叶绿素)等。翻译这类词汇需要具备一定的农林专业知识储备,否则难以准确理解这些专业术语的实际含义。此外,由于涉及大量的农林科技词汇,查阅专业词典是了解它们含义的必要手段。

2. 常用语汇专业化

在农林科技文体中,广泛使用了许多具有农林业领域特色的基础性通用词汇。这些词汇虽然有些源自日常用语,但在农林科技的语境下,它们被赋予了全新的专业含义。例如,"parent"在日常生活中指的是"父母",但在农林科技中,它变成了"亲本"的意思;"ear"在日常生活中意为"耳朵",而在农业领域,它指代"果穗";"ring"在日常生活中多指"戒指",在农林科技中,则用来表示"年轮";"cap"在日常生活中意为"帽子",在农林科技语境下,它指代"根冠"。

这类词汇在农林科技文体中用法灵活,往往具有多重含义,在翻译时需要格外注意。翻译人员必须结合具体语境,充分理解词汇在农林科技领域的应用特征,以避免混淆专业领域和日常用法。比如,"sensor"一词在日常生活中译为"感知、感觉",但在农林科技的语境下,它通常被翻译为"遥感";"breathing"在日常生活中指的是"呼吸",而在农林科技英语中,它可能需要根据上下文被译为"放气"。

此外,还有一些常用词在农林科技英语中表现出了丰富的词形变化和词义。以"water"为例,这个词在农林科技文体中既可以作为名词、动词使用,也可以作为形容词使用。作为名词时,它可以表示"水"的基本含义,也可以表示"水深"、"水位"或"分泌液"等具体概念,甚至在复数形式下表示"洪水"。作为动词时,它意味着"浇水"或"加水"。而作为形容词时,它则用来描述与水相关的特性,如"水的"、"水生的"或"含水的"。

不仅如此,"water"还具有很强的构词能力,可以与其他词结合,形成一系列与农林业相关的合成词或派生词。例如,"water-wheel"表示的是"水轮"或"辘轳";"watertight"和"waterproof"都用来描述防水或不透水的特性;"watermelon"指的是我们熟悉的"西瓜";而"waterlog"则描述了土地或地区的积水状态。

因此,在翻译农林科技文体时,我们需要对这类词汇的多种含义和用法有深入的理解,以确保译文的准确性和专业性。

3. 希腊语及拉丁语词源广

在语言交流的广阔天地里,每一种语言都不可避免地会从其他语言中汲取养分,通过借用词汇来丰富自身的表达,英语自然也不例外。英语作为印欧语系的重要一员,在其语言与文化的演变过程中,与希腊语和拉丁语有着千丝万缕的联系。据美国科技英语专家 Oscar E. Nybaken 的统计,在我们日常使用的 1 万个英语词汇中,高达 46% 的词汇来源于拉丁语,另有 7.2% 的词汇源自希腊语。

科技英语词汇的希腊语和拉丁语词源占比更是显著。这些词汇以其独特的精确性和深度,为科技交流提供了有力的支持。而在英语的构词艺术中,词缀和词根的组合运用,更是创造出了无数新词,极大地丰富了英语的表达方式。

对于农林科技英语的学习者来说,了解和掌握这些词缀的规律,无疑是一把解锁记忆与理解的钥匙。通过掌握诸如 semi-(拉丁)、auto-(希腊)、-ion(拉丁)、-ment(拉丁)、-ity(拉丁)、-ible(拉丁)、-able(拉丁)、bio-(希腊)、-cide(拉丁)等词缀,我们不仅能够更高效地记忆单词、增加词汇量,还能提升阅读科技文献的能力,加快翻译速度,提高翻译质量。

值得一提的是,"农业"这一词汇本身便来源于拉丁语,其中"Ager"指的是土地,"Cultura"则表示培养。这些前缀或后缀往往承载着固定的意义,有时甚至能够指示词汇的词性,从而帮助我们更深入地理解和分析单词,深化对词汇意义的认识和记忆。

因此,对于那些看似生僻的专业术语,只要我们能够了解其词源和词缀规律,便能够事半功倍地掌握它们,大大提高记忆效率。这对于我们在农林科技领域的英语学习、研究和交流来说,无疑是一把开启知识大门的金钥匙。

4. 合成词、派生词、缩略词多

为了简洁而精确地描绘农林科技中各类客观事物的特性、程度、数量以及规模,农林科技文体广泛采纳了合成词这一形式。这些合成词历经演变,由早期的双词组合逐渐发展至更为复杂的多词组合,展现出三种主要形式:一是通过连字符进行连接,例如"crumb-structure"用以描述团粒结构,"self-fertile"则指自花授粉的特性;二是直接组合成词,如"livestock"代表牲畜群体,"sharecropper"表示佃农的身份;三是以短语形式组合,诸如"dairy industry"指代乳品加工业,"market gardening"为商品蔬菜种植业,"tissue culture"为组织培养技术,而"plant growth regulator"则是植物生长调节剂的专用表达。

在农科英语词汇中,派生词同样占据了一席之地,它们在词根的基础上,通过添加前缀或后缀来创造新词。例如,"regrowth"一词结合了拉丁语前缀"re-"表示重复或再次的意思,与"growth"即生长的含义相结合,形成了再生长的概念;而"fungicide"则是由词根"fungi"表示真菌,加上后缀"-cide"表示杀灭功能,共同构成了杀真菌剂的术语。

此外,在农业领域的专业英语中,缩略语的应用同样广泛,这些缩略语被巧妙地用来替代那些频繁使用的专业术语,极大地提升了沟通效率。遵循一定的缩写规律,人们创造了一系列常用术语的简化形式,比如"PPR"代表群体光合速率(Population Photosynthetic Rate),"Clh"为叶绿素的缩写(Chlorophyll),"IPM"则是指害虫综合防治(Integrated Pest Management),"AI"是人工授精(Artificial Insemination)的简称,而"IFAD"则是国际农业发展基金(International Fund for Agricultural Development)的缩略形式,"ET"表示胚胎移植(Embryo Transfer)。

然而,值得注意的是,有些缩略词由于未附带其全称标注,在翻译过程中可能会遇到一定的困扰。例如"CT"一词,它既可以解释为电子计算机断层扫描(Computed Tomography),也可能表示冠层温度(Canopy Temperature)。因此,翻译人员在进行相关翻译时,需仔细结合上下文语境来准确判断缩略词的具体含义,或者通过对缩略词进行拆分,分析其词素固定搭配,从而选择最符合语境的释义,确保翻译的准确性和流畅性。

2.1.2 语法特征

1. 句式结构复杂多样

在农林科技文体中,复杂的长句结构被广泛应用,这些句子往往结构繁复、逻辑缜密。为了精确描述特定事物或科学规律,这类句子会采用多重修饰性定语对中心语进行详尽的阐释,从而确保信息的准确性和科学性。这类句式通过在主语结构中融入多样的修饰成分,诸如分词短语、介词短语从句等,以实现信息的精细化传递。科技英语特别注重句式结构的完整性和形式逻辑的严密性,因此,复杂长句成为表达科学原理、规律、概念以及事物间错综复杂关系的常用手段。

在理解和翻译这类英语长句时,我们需要深入分析其"树状"结构,明确主句的主语、谓语、宾语,以及从句和各种修饰成分的引导词。通过剖析各层次间的逻辑关系,同时依据汉语的表述习惯,我们可以更准确地传达原文的意涵,而不必拘泥于其原始形式。掌握复杂句的核心,即明确主谓关系,确定句子的基础构架,是全面理解其深层含义的关键。

例 2-1 The implementation of precision agriculture, which utilizes advanced technologies such as remote sensing, GIS mapping, and variable rate application, has revolutionized farming practices, enabling farmers to optimize crop yields while minimizing environmental impact and resource waste.

参考译文:精准农业的实施,通过运用遥感、地理信息系统(GIS)绘图和变量施用等先进技术,已经彻底改变了农业实践,使得农民能够在最小化环境影响和资源浪费的同时,优化作物产量。

该句子的主干为"The implementation of precision agriculture... has revolutionized farming practices"。这是一个现在完成时的句子,表示精准农业的实施已经对农业实践产生了革命性的影响。其中,"the implementation of precision agriculture"是主语,"has revolutionized"是谓语,"farming practices"是宾语。

显然,"which utilizes advanced technologies such as remote sensing, GIS mapping, and variable rate application"是一个由"which"引导的非限制性定语从句,对主语"The implementation of precision agriculture"进行补充说明,指出这种实施方式利用了遥感、地理信息系统绘图和变量施用等先进技术。

此外,"enabling farmers to optimize crop yields while minimizing environmental impact and resource waste"是一个由"enabling"引导的结果状语从句,说明精准农业的实施带来的结果,即使得农民能够在优化作物产量的同时,对环境的影响和资源的浪费最小化。

在翻译中,需要首先确定句子的主干,并清晰地翻译出来。然后,处理好非限制性定语从句,将其内容融入主干的翻译中,使得句子更加流畅。最后,在翻译结果状语时,通过"使得"这个词来连接前后文,保证了句子的连贯性。

2. 无人称句应用广泛

在英语表达中,我们常常把描述有生命实体的名词称为有灵名词(Animate Nouns),而将描述无生命实体的名词归类为无灵名词(Inanimate Nouns)。科技文体中,无人称句,即以无灵名词作为主语的句子,尤为常见。这主要是因为科技文体更倾向于客观描述科技事实、科学发现,以及报告自然规律或科技活动的成果。使用无人称句可以避免句子过于主观。

对比有灵名词和无灵名词在相同谓语下的不同含义,我们可以发现显著的差异。例如,"The water pump suddenly stopped working."(水泵突然停止工作了。)与"They suddenly stopped working."(他们突然停止工作了。)相比较,前者使用无灵名词作为主语,展现了科技英语的客观性和规范性。

例 2-2　Irrigation systems play a vital role in enhancing crop yields, significantly contributing to the water cycle through groundwater recharge, and ensuring food security in arid and semi-arid regions. Recent advancements in drip irrigation techniques have been instrumental in reducing water wastage and improving the efficiency of water use in agriculture.

参考译文:灌溉系统在提高农作物产量方面发挥着至关重要的作用,它通过地下水补给对水循环作出重大贡献,并确保了干旱和半干旱地区的粮食安全。近年来,滴灌技术的进步对于减少水资源浪费和提高农业用水效率起到了至关重要的作用。

上述段落中的两个句子均采用了无人称句结构,分别以"irrigation systems"和"advancements in drip irrigation techniques"这两个无灵名词作为主语。这样的表达方式更加客观、严谨地描述了灌溉系统的重要性以及滴灌技术的进步对农业水资源管理的积极影响,避免了主观臆断,符合科技文体的写作规范。

3. 被动语态使用频繁

为了客观地描述事物、清晰地表达科学发现与成果,农林科技文体经常采用被动语态进行语义表达,以避免主观臆断导致的理解偏差。由于该文体偏向叙事推理,强调客观准确,过多使用第一、二人称可能给人留下主观臆断的印象。此外,被动语态在结构上有利于句子的扩展,使表达内容更加丰富,重点更为突出。因此,作为典型的科技语言,农林科技英语文献通常广泛运用被动语态进行理论分析或技术成果说明,以确保表达内容的客观性与真实性。

例 2-3 The growth rate of corn can be significantly increased by applying a specific fertilizer. This method is known as enhanced fertilization technique, and the improvement in yield it brings is referred to as fertilization effect. It is usually measured in terms of percentage increase in crop yield.

参考译文:通过施用特定肥料,可以显著提高玉米的生长速度。该方法被称为强化施肥技术,能有效提升作物产量,而这种提升效果即为施肥效应。通常,我们可以通过作物产量增长的百分比来衡量这种施肥效应。

在这段描述中,"the growth rate of corn"、"this method"、"the improvement in yield"以及"it(fertilization effect)"分别作为各句的主语,它们不仅信息丰富,而且吸引了读者的注意。这些不同的主语避免了句子的单调重复,使得文本更为流畅和自然。被动语态在这里有效地实现了表达的简洁与客观。但值得注意的是,在将这类科技文体翻译成其他语言时,直接保留英语的被动语态可能会使译文显得生硬。因此,适时地将被动语态转换为主动语态,可以使译文更加符合目标语言的表达习惯,从而优化读者的阅读体验。

4. 多名词化和名词连用

在农林科技英语中,名词化(Nominalization)现象十分普遍,其特点在于大量使用表示动作或状态的抽象名词,或是功能类似于名词的非限定动词。这种做法使得原本以动词或形容词表达的内容,在农林科技英语中常被改写为由动词派生的名词形式,从而将原本的行为意义隐藏在深层结构中。由于科技文体强调简洁、客观和准确性,并注重事实的呈现而非具体行为,因此在翻译时,我们可以进行词性的灵活转换,将这些名词性短语转换为动词结构,以保证译文的逻辑性,清晰表达名词短语的实际意义,从而提升表达的明确性和完整性。

例 2-4 Integrated pest management has become a prevalent agricultural practice in many orchard areas, where the utilization of biological controls and eco-friendly pesticides remains prevalent.

参考译文:在许多果园地区,综合害虫管理已成为一种普遍的农业实践,这些地区普遍采用生物防治和环保农药。

例 2-5 "We must steadfastly uphold the fundamental principle of safeguarding forestry health and preventing widespread deforestation, while promoting sustainable timber harvesting and the regeneration of key forest resources."

参考译文："我们必须坚决维护保护林业健康和防止大规模砍伐的基本原则,同时促进可持续的木材采伐和关键森林资源的再生。"

在英译汉中,与名词化紧密相关,且需要关注的另一个问题是名词连用。所谓"名词连用"是指在名词中心词前可以连续使用多个不变形态的名词,这些名词作为中心词的前置形容词修饰语,被称为"扩展的名词前置修饰语"。例如,soil erosion control measures = measures for the control of soil erosion(土壤侵蚀控制措施);forest fire prevention plan = a plan for preventing forest fires(森林防火计划);timber harvesting efficiency assessment = an assessment of the efficiency of timber harvesting(木材采伐效率评估)。

2.1.3 语篇特征

1. 行文正式规范

科技文体的语气,无论在书面语还是口语中,通常都保持行文正式和语言规范。其语言规范主要反映在严格的语法结构上。科技文体的语法规范源于对客观事物准确描述的要求,因此文章中不容许夹杂个人主观意识。这既是科技文章的显著特点,也是对科技作者的基本要求。科技文体和农业科技文体都要传递客观事实给读者,因此在写作中应避免形象化修辞手法,不追求夸张语气,语言表达应保持简洁通顺,以实现客观准确的阐述。

例 2-6 Traditionally, generation of new plants with improved or desirable features has relied on laborious and time-consuming breeding techniques. Genome-editing technologies have led to a new era of genome engineering, enabling an effective, precise, and rapid engineering of the plant genomes. Clustered regularly interspaced short palindromic repeats (CRISPR)/CRISPR-associated protein 9 (CRISPR/Cas9) has emerged as a new genome-editing tool, extensively applied in various organisms, including plants.

参考译文:传统上,要培育具有改良或理想特性的新植物,需要依赖费力费时的育种技术。基因组编辑技术开创了基因组工程的新纪元,实现了植物基因组的有效、精确和快速工程化。聚类规则间隔短回文重复序列(CRISPR)/CRISPR 相关蛋白 9(CRISPR/Cas9)已成为一种新的基因组编辑工具,被广泛应用于包括植物在内的各种生物体中。

这段文字简要说明了基因编辑技术的优势。在整个段落中,没有使用夸张、比喻、拟人等形象修辞,语言简单流畅、朴实无华,几乎没有或者很少使用华丽的词汇。这些都是科技英语的语言特征,同样适用于农业科技英语。

2. 用词固定严谨

在农林科技领域的文体中,术语和表达方式通常具有一定的规范性和固定性。专业术语的使用使得文本更加精准,有助于传递科学信息。这种严格的用词选择不仅提高了文本的表达清晰度,还确保了信息的一致性,使读者更容易理解和接受文本内容。在这种文体中,作者通常具备扎实的专业知识,能够运用领域内的概念、理论和技术进行表达。这样的专业性不仅体现在用词的选择上,还表现在对问题的深入剖析和科学推理上。这种专业性强的语篇特征使得农林科技文体更具权威性和可信度,适用于传递科学研究成果、技术创新以及解决实际问题等方面。

例 2-7　Soil is the earth's fragile skin that anchors all life on Earth. It is comprised of countless species that create a dynamic and complex ecosystem and is among the most precious resources to humans. Increased demand for agriculture commodities generates incentives to convert forests and grasslands to farm fields and pastures. The transition to agriculture from natural vegetation often cannot hold onto the soil and many of these plants, such as coffee, cotton, palm oil, soybean and wheat, can actually increase soil erosion beyond the soil's ability to maintain itself.

Half of the topsoil on the planet has been lost in the last 150 years. In addition to erosion, soil quality is affected by other aspects of agriculture. These impacts include compaction, loss of soil structure, nutrient degradation, and soil salinity. These are very real and at times severe issues.

参考译文:土壤是地球上脆弱的表层,滋养着地球上的所有生命。它由无数物种构成一个充满活力和复杂的生态系统,是人类最宝贵的资源之一。随着对农产品需求的增加,人们开始将森林和草原转变为农田和牧场。然而,从自然植被向农业的转变往往无法保持土壤的稳定,许多植物,如咖啡、棉花、棕榈油、大豆和小麦等,实际上会加速土壤侵蚀,超出土壤的自我维持能力。

在过去的150年里,地球上近一半的表层土壤已经流失。除了土壤侵蚀,土壤质量还受到其他方面的影响。这些影响包括土壤板结、土壤结构破坏、营养降解和土壤盐碱化。这些都是非常真实且严重的问题。

这段语篇中通过使用术语,如"soil salinity""nutrient degradation""topsoil"等,准确描述了土壤侵蚀问题,凸显了科学性和专业性,为读者提供了明确的科学概念,有助于精确传达信息。

3. 结构逻辑严密

逻辑连贯是科技文体的显著特征,中文或英文表达都必须遵循科学逻辑原则。农林科技文体的逻辑连贯性主要表现在概念明确,判断合理、恰当,推理严密,注重叙事逻辑上的连贯,避免晦涩难懂的表达,杜绝论证上的主观随意性。探讨科学问题时应实事求是,真正理解与把握原文词汇语义,确保获取原文的真实信息。在科技英语中,文献的陈述都旨在阐述事实,因此在翻译时必须保持逻辑的缜密性。科技英语翻译还需符合汉语表达习惯,确保译文通顺流畅。另外,译文内容要简洁易懂,避免言语重复和赘述的现象。

例 2-8 Integrated Pest Management (IPM) is not a single pest control method but, rather, a series of pest management evaluations, decisions and controls. In practicing IPM, growers who are aware of the potential for pest infestation follow a four-tiered approach. The four steps include:

Set Action Thresholds

Before taking any pest control action, IPM first sets an action threshold, a point at which pest populations or environmental conditions indicate that pest control action must be taken. Sighting a single pest does not always mean control is needed. The level at which pests will become an economic threat is critical to guide future pest control decisions.

Monitor and Identify Pests

Not all insects, weeds, and other living organisms require control. Many organisms are innocuous, and some are even beneficial. IPM programs work to monitor for pests and identify them accurately, so that appropriate control decisions can be made in conjunction with action thresholds. This monitoring and identification removes the possibility that pesticides will be used when they are not really needed or that the wrong kind of pesticide will be used.

Prevention

As a first line of pest control, IPM programs work to manage the crop, lawn, or indoor space to prevent pests from becoming a threat. In an agricultural crop, this may mean using cultural methods, such as rotating between different crops, selecting pest-resistant varieties, and planting pest-free rootstock. These control methods can be very effective and cost-efficient and present little to no risk to people or the environment.

Control

Once monitoring, identification, and action thresholds indicate that pest control is required, and preventive methods are no longer effective or available, IPM programs then evaluate the proper control method both for effectiveness and risk. Effective, less risky pest controls are chosen first, including highly targeted chemicals, such as pheromones to disrupt pest mating, or mechanical control, such as trapping or weeding. If further monitoring, identifications and action thresholds indicate that less risky controls are not working, then additional pest control methods would be employed, such as targeted spraying of pesticides. Broadcast spraying of non-specific pesticides is a last resort.

参考译文：

病虫害综合防治不是单一的害虫防治方法，而是一系列的害虫管理评估、决策和控制措施。在实施 IPM 时，意识到害虫侵扰可能性的种植者会遵循四层次的方法。这四个步骤包括：

设定行动阈值

在采取任何害虫控制措施之前，IPM 首先会设定一个行动阈值，即害虫数量或环境条件表明必须采取害虫控制措施的点。看到单一的害虫并不总是意味着需要进行控制。害虫成为经济威胁的程度对于指导未来的害虫控制决策至关重要。

监测和识别害虫

并非所有的昆虫、杂草和其他生物体都需要控制。许多生物体是无害的，有些甚至是有益的。IPM 计划致力于监测害虫并准确识别它们，以便结合行动阈值做出适当的控制决策。这种监测和识别消除了在不需要的情况下使用农药或错误使用农药的可能性。

预防

作为害虫控制的第一道防线，IPM 计划旨在管理作物、草坪或室内空间，以防止害虫成为威胁。在农作物中，这可能意味着使用文化方法，如作物轮作、选择抗害虫品种和种植无害虫的砧木。这些控制方法可以非常有效且具有成本效益，并且对人或环境几乎没有风险。

控制

一旦监测、识别和行动阈值表明需要进行害虫控制，且预防方法不再有效或可行时，IPM 计划会评估适当的控制方法的有效性和风险。首先选择有效且风险较低的害虫控制方法，包括使用高度针对性的化学品，如性信息素来干扰害虫交配，或使用机械控制，如诱捕或除草。如果进一步的监测、识别和行动阈值表明风险较低的控制措施不起作用,那么将采用额外的害虫控制方法,如针对性喷洒农药。非特异性农药的广播喷洒是最后的手段。

该语篇的衔接非常流畅,逻辑关系清晰明了。作者通过详细的步骤解释,使得读者可以很好地理解 IPM(Integrated Pest Management,病虫害综合防治)的实施过程。在每个步骤中,作者都详细解释了该步骤的目的、方法和意义,使得读者可以较好地理解每个步骤的重要性和必要性。同时,通过使用表达逻辑关系的连接词和过渡词,如"before""first""then""so that""no longer"等,句子之间的衔接更加紧密,从而增强了文章的连贯性。这些逻辑连接词凸显了句子之间的逻辑联系,使读者对语句之间的语义关系一目了然,确保语篇信息传达准确自然。

2.2 农林科技文体翻译方法

随着农业国际化进程的推进,中外农林科技交流与合作日益频繁,农林科技文献的应用场景和领域也呈现出显著的拓展态势。在此背景下,深化对农林科技翻译工作的研究和探讨、优化农林科技英语翻译的质量,就显得尤为重要。为了提升农林科技英语的翻译水平,必须充分考虑汉英两种语言之间的深层次差异,灵活融入具体的上下文语境,采取切实有效的翻译策略。当然,不断提高农林科技英语翻译人才的综合素养和专业技能,也是提高农林科技英语翻译质量的关键环节。这样不仅能有效提高农林科技文献的翻译精准度,还将为我国农林科技的长足进步注入新的活力。

2.2.1 准确理解原文背景

1. 文体风格

为了顺利进行农林科技文体的翻译,我们首要的任务是明确译文文本的文体风格。鉴于各种文体在句法构造、表达手法和信息重点上存在的差异,针对不同农业科技英语文体的翻译,我们必须采取与文本风格匹配的翻译策略。

我们知道,译者的职责不能仅仅局限于传递原文的基本含义,更需通过反复阅读和深入研究原文,以全面把握其整体风格。这涵盖了词汇选用(如专业术语、深奥词汇、日常用语、俚语等)、句式类型(如简单句、复合句、省略句、祈使句、疑问句及其句式变化等)、修辞技巧(如比喻、对仗、夸张等)、表达习惯(如否定表达、反问句、间接引语、直接引语等)、词语的情感色彩,以及段落组织和安排等诸多方面。在翻译过程中,我们应灵活运用所学的翻译技巧来处理原文,力求在译文中最大限度地保留原文的整体风貌。

例2-9　Multiple cropping is a widespread approach for intensifying crop production through rotations of diverse crops. Maps of cropping intensity with crop descriptions are important for supporting sustainable agricultural management. As the most populated country, China ranked first in global cereal production and the percentages of multiple-cropped land are twice of the global average. However, there are no reliable updated national-scale maps of cropping patterns in China. Here we present the first recent annual 500-m MODIS-based national maps of multiple cropping systems in China using phenology-based mapping algorithms with pixel purity-based thresholds, which provide information on cropping intensity with descriptions of three staple crops (maize, paddy rice, and wheat). The produced cropping patterns maps achieved an overall accuracy of 89% based on ground truth data, and a good agreement with the statistical data ($R^2 \geqslant 0.89$). The China Cropping Pattern maps (China CP) are available for public download online. Cropping patterns maps in China and other countries with finer resolutions can be produced based on Sentinel-2 Multispectral Instrument (MSI) images using the shared code.

参考译文：多重种植是通过轮作不同作物来强化作物生产的普遍方法。带有作物描述的种植强度地图对于支持可持续农业管理非常重要。作为人口最多的国家，中国在全球谷物生产中排名第一，且多重种植土地的比例是全球平均水平的两倍。然而，中国还没有可靠且最新的全国范围内种植模式地图。在这里，我们首次展示了中国最近年度的500米分辨率、基于MODIS数据的全国多重种植系统地图，该地图使用了基于物候的绘图算法和基于像素纯度的阈值，提供了关于种植强度的信息，并描述了三种主要作物（玉米、水稻和小麦）。根据地面真实数据，所生成的种植模式地图总体准确度达到了89%，且与统计数据高度一致（$R^2 \geqslant 0.89$）。中国种植模式地图（China CP）可在线公开下载。利用共享代码，可以基于Sentinel-2多光谱仪（MSI）图像，制作出中国和其他国家分辨率更高的种植模式地图。

原文是一篇科技论文的摘要，涉及学术性或技术性描述，主要介绍了中国多重种植模式的地图制作方法和准确性评估。在翻译时，应确保术语的准确性和句式的严谨性，同时保持语言的流畅性。使用专业术语和精练的语言，确保传达原文中的科学性和统计性信息。避免使用过于口语化的翻译内容，保持文本的正式性和客观性。

2. 主题思想

准确判断语篇的主题思想是农林科技文体翻译的基础,这对于保持信息的准确传达和文本的一致性至关重要。首先,认真阅读原文,通过识别主题句和段落结构理解其中的关键信息、核心观点和相关论据,然后确定原文中使用的关键词,特别是农林科技文体中的专业术语,这些术语对于准确传达主题十分关键。其次,需要考虑原文所处的背景,包括社会、文化、政治等因素以及技术领域的特点,这有助于更好地理解作者的意图。最后,需要考虑目标受众的背景知识和语言水平,灵活调整翻译内容以确保信息和观点的准确表达。

例 2-10　Africa is saddled with high rates of foodborne diseases and hazards that present significant challenges to its food system. These challenges are indicative of Africa's weak capacity to comply with food safety regulations, resulting in public health problems. According to the World Health Organization (WHO), Africa has the highest burden of foodborne illnesses in the world. This prevalence gives rise to the high cost of medical treatment and productivity losses of about \$16.7 billion for Africa, south of the Sahara, as shown by a 2019 study. In addition, another challenge is the toll of unsafe food on food security and nutrition on the continent. Unsafe food reduces the bioavailability of food nutrients, undermining dietary intake and utilization of nutrients in food, all of which have an inhibitive impact on the food utilization component of food security. These implications are depicted in Figure 1. Furthermore, unsafe food has also resulted into market access problems in its agri-food products, since unsafe food exports are usually denied entry by the importing countries. Consequently, this inhibits food trade within and outside the continent.

参考译文:非洲面临着高发的食源性疾病和危害,这对其食品系统构成重大挑战。这些挑战表明非洲在遵守食品安全法规方面的能力薄弱,从而导致公共卫生问题。根据世界卫生组织(WHO)的数据,非洲是世界上食源性疾病负担最重的地区。2019 年的一项研究显示,撒哈拉以南非洲地区因此导致的医疗费用和生产力损失高达约 167 亿美元。此外,另一个挑战是不安全食品对非洲大陆粮食安全和营养的影响。不安全食品会降低食物营养素的生物利用度,破坏膳食摄入和食物中营养素的利用,所有这些都会对食品安全中的食物利用成分产生抑制作用。这些影响如图 1 所示。此外,不安全食品还导致非洲农副产品面临市场准入问题,因为不安全食品的出口通常会被进口国拒绝入境。因此,这抑制了非洲大陆内外的食品贸易。

这是一段关于非洲食品安全问题的英文文本。在翻译过程中,首先,我们需要注意专业术语的准确翻译,如"foodborne diseases"应翻译为"食源性疾病","bio-availability of food nutrients"应翻译为"食物营养素的生物利用度"等,确保术语翻译的精准。其次,需要对原文核心语境和背景进行全面认知。原文主要讲述了非洲食品安全问题带来的多重挑战,包括高发的食源性疾病、公共卫生问题、经济损失、对食品安全和营养的影响,以及市场准入问题等。那么,关于上述问题的背景知识将会直接影响语篇翻译的质量。最后,根据语篇文本的属性,准确分析目标受众的知识结构和能力水平,按照内容和风格等多方面确定文本的最终翻译内容。

3. 整体与部分

在进行科技英语的语篇翻译时,译者应了解英汉语言风格的差异,全面把握语篇的结构。英语句子结构和叙述方式与汉语不同,长句可能导致思维阻断。面对长句,应以句法和逻辑为导向,采用理解核心思想的方式。在初步理解原文的基础上,需掌握整体结构及各部分之间的关系,分析句子和段落的内在逻辑关系,联系上下文内容,加强对复杂句式结构的逻辑梳理和合理表达。通过仔细分析句子中的逻辑关系,结合对作者思想内涵的研究和译文表达习惯的掌握,确保译文意义连贯,表达流畅。

例 2-11　Cells are composed of water, inorganic ions, and carbon-containing (organic) molecules. Water is the most abundant molecule in cells, accounting for 70% or more of total cell mass. Consequently, the interactions between water and the other constituents of cells are of central importance in biological chemistry. The critical property of water in this respect is that it is a polar molecule, in which the hydrogen atoms have a slight positive charge and the oxygen has a slight negative charge. Because of their polar nature, water molecules can form hydrogen bonds with each other or with other polar molecules, as well as interacting with positively or negatively charged ions. As a result of these interactions, ions and polar molecules are readily soluble in water (hydrophilic). In contrast, nonpolar molecules, which cannot interact with water, are poorly soluble in an aqueous environment (hydrophobic). Consequently, nonpolar molecules tend to minimize their contact with water by associating closely with each other instead. As discussed later in this chapter, such interactions of polar and nonpolar molecules with water and with each other play crucial roles in the formation of biological structures, such as cell membranes.

参考译文:细胞由水、无机离子和含碳(有机)分子组成。水是细胞中最丰富的分子,占细胞总质量的 70% 或更多。因此,水与其他细胞成分

的相互作用在生物化学中具有核心重要性。在这方面，水的关键特性是它为一种极性分子，其中氢原子带有轻微的正电荷，而氧带有轻微的负电荷。由于其极性特性，水分子可以与其他水分子或其他极性分子形成氢键，以及与带正电或负电的离子相互作用。由于这些相互作用，离子和极性分子在水中很容易溶解（亲水）。相比之下，不能与水相互作用的非极性分子在水环境中难以溶解（疏水）。因此，非极性分子倾向于通过紧密相互结合来最小化与水的接触。正如本章后面将讨论的那样，极性分子和非极性分子与水以及彼此之间的这种相互作用在生物结构的形成中起着至关重要的作用，例如细胞膜。

这段语篇主要介绍了细胞中的水分子与其他成分的相互作用。第一句引入主题，即细胞的组成，为后续句子提供背景。接下来几句阐述了水与其他细胞成分的相互作用以及水的极性特性。接着，详细解释了水的极性如何影响它与其他分子的相互作用，以及这种相互作用如何影响离子和极性分子在水中的溶解度。翻译时需要注意原文是一个逐步展开的结构，通过各句之间的衔接词判断因果或对比等关系（如"consequently"、"because of"、"as a result of"以及"in contrast"），逐句讲解水的极性和其在生物化学中的重要性，把握句子之间的逻辑关联性。

4. 主次分明

从语言交流沟通价值的视角来看，在中文和英文内容的相互转换过程中，文化差异所带来的影响不容忽视。正因如此，无论是在"中译英"还是"英译中"的翻译实践中，最终所得的文本在信息含义上均无法实现完全的对称性。特别是在科技英语文本的翻译中，我们更侧重于追求"信"与"达"两大核心要素。其中，"信"指的是译文的准确性，即忠实于原文的意义；"达"则强调译文的流畅性，使读者能够通顺地理解原文内容。

在确保译文达到"信"与"达"的基础上，还必须注重翻译内容的层次性。以英文文献为例，其中经常使用长句来表达复杂的逻辑关系或信息内容。若将这些长句直译为中文，往往会导致内容的冗长和语法的混乱。为了避免这种情况，可以将一个英语长句解构为若干个中文短句，从而清晰地展现出主语、代词、连词等各元素之间的关系。这样的处理方式不仅能够凸显每个段落和句子的中心思想，还能确保整体内容的主次分明，使读者能够更为轻松地捕捉到关键信息。

例 2-12　Although research has shown that biodiversity changes are driven primarily by land-use change and increasingly by climate change, the potential for interaction between these drivers and insect biodiversity on the global scale remains unclear. Here we show that the interaction between indices of historical climate warming and intensive agricultural land use is associated with reductions of almost

50% in the abundance and 27% in the number of species within insect assemblages relative to those in less-disturbed habitats with lower rates of historical climate warming.

参考译文:尽管研究表明,生物多样性的变化主要是由土地利用变化所驱动,并且越来越受到气候变化的影响,但这些驱动因素与全球昆虫生物多样性之间的潜在相互作用仍不清楚。本文研究表明,本文研究表明,与历史气候变暖率较低、干扰较小的栖息地相比,历史气候变暖指数和集约农业用地之间的相互作用与昆虫群落中物种丰度减少近50%和物种数量减少27%有关。

原文的主线信息是介绍关于昆虫多样性变化的研究结果。在翻译时,应确保这一主线信息清晰、准确地传达给读者。原文通过"although"和"here"等词清晰地展现了句子之间的逻辑关系。在翻译时,也应保持这种清晰的逻辑结构,使读者能够轻松地理解文章的内容。翻译时应结合汉语的语言习惯,牢牢把握生物多样性这个核心主题,同时穿插各种修饰语,适当进行断句。

2.2.2 灵活运用翻译技巧

1. 直译、意译、音译

在翻译过程中,译者常采用直译、意译、音译三种策略。在农林科技领域的文本翻译中,应依据上下文环境和目标语言的特性,灵活地选用适当的翻译策略,以确保译文既忠实于原文内容,又具有语法上的通顺与流畅,同时使表达清晰易懂。

直译是指按原文语言逻辑进行翻译,不对语言顺序或句子成分进行调整。这种翻译方式通常适用于专业性较强的农林科技术语,要求语言表达严格按照原文逻辑,使得译文既忠实于原文的内容,又符合原文的结构形式。例如,"waste land"被直译为"荒地","formulated fertilization"译为"配方施肥","mechanized farming"译为"机械化耕作","cooperative farm"译为"合作农场"。类似地,"foot-and-mouth disease"被翻译为"口蹄疫","raise the multiple cropping index"译为"提高复种指数","forage crop rotation"译为"牧草轮作","conservation tillage"译为"保护性耕作","monoculture"译为"单一栽培"。这些直译的术语保持了原文的专业性和准确性。

意译是指在理解原文大意的基础上对原语言进行语序调整和成分转换,以保证表达清晰通顺。这种翻译方法通常适用于原文句子较为复杂的文本,直译可能导致理解上的歧义,使得表达不够清晰准确。在农林科技文体的翻译中,应用意译法需要从整体句式结构出发,理清各个词汇的含义及短句之间的关联,并根据原文的真实含义进行灵活表达,确保译文符合译入语的语言习惯。例如,"a dry cow"直译为"一头干巴巴的牛",与原文含义"不产奶的母牛"相去甚远。在词组或长难句的翻译中,也常使用意译法,比如将"large land estate"翻译为"大农场主"。

音译是农林科技文体翻译中一种相对简单直观的翻译方式,即根据英语发音直接进行转换。由于文化背景差异和特定科技用途,农林科技英语中的很多词汇在汉语中没有对应的词汇,因此需要按照源语读音的基准,寻找目标语中发音相近的内容进行替代翻译。音译词必须保持连贯使用,不可拆分,否则将失去意义。例如,gene(基因)、clone(克隆)、copy(拷贝)、radar(雷达)、hacker(黑客)、sonar(声呐)、mosaic(马赛克)、quinine(奎宁)、Yorkshire(约克夏)、El Nino(厄尔尼诺)等。在农业科技英语中,一些由专有名词构成的术语、单位名称和新型材料的名称等,在翻译时通常采用音译法。

2. 词汇选择

确定词义是翻译过程中的关键环节,它主要依赖于多种方法,包括构词法分析、词典查询、语境理解和网络资源的利用。在农林科学术语中,复合构词法是一种非常有效的词义确定方式。以"pre-alert"为例,其中"pre-"代表"预先的","alert"则意为"警觉、警报",因此,通过构词法,我们可以准确地将"pre-alert"翻译为"预报、预警"。

当构词法无法直接确定词义时,我们可以查阅专业的词典,如《英汉农业大词典》,以获取准确的术语翻译。例如,农药"马拉硫磷"在英文中对应为"malathion",这一对应关系可以直接从词典中查得。

然而,在某些情况下,需要结合具体的语境和日常表达习惯来对原文词义进行引申翻译。比如,英文中的"gold dust"并非字面意思上的"金尘",而是一种比喻,用以形容稀有而珍贵的事物,在中文中更常被表达为"凤毛麟角"。同样,"infancy"一词的原意是婴儿时期,但在具体语境中,它通常被译为"初始阶段",以更准确地传达原文的含义。

此外,对于某些农林科技英语词汇,如果无法直接找到对应的汉语释义,可能需要进行词性转换。例如,"the frequency of severe reactions"中的"frequency"原为名词,意为"频繁",但为了适应语境和汉语的表达习惯,我们可以将其转换为动词,译为"频繁发生"。

在实际翻译过程中,当遇到构词法无法确定词义或词典中未收录的情况时,可以借助网络资源。通过分析多个搜索结果,可以更准确地确定词义,从而提高翻译的准确性和可信度。

因此,通过综合利用构词法、词典查询、语境理解和网络资源搜索等方法,并根据专业范围进行甄别和选择,我们可以确保农林科学术语的准确词义得到恰当的表达。

3. 拆分换序

汉英两种语言的句子结构存在显著差异。汉语采用"意合"结构,句子间通常缺乏明确的关联词,未表明内在逻辑关系;相反,英语使用"形合"结构,句子之间有明确的关联词标志从属关系。因此,在汉译英时,需注意运用替代、重复、省略等手段,必要时调整语序,以确保句子、段落在语义和逻辑上保持连贯性。

例 2-13 With organic farming there is enormous potential for dealing with a large portion of America's environmental problems by recognizing that organic materials are actually a resource rather than wastes.

参考译文:有机物质实际上是一种资源,而不是废物。基于这种认识,采用有机耕作方式对于处理美国大部分的环境保护问题是具有巨大潜力的。(原文位于句尾的充当方式状语的介词短语"by recognizing…,wastes"在译文中转换译成原因状语放到了句首)。

在汉语表达中,通常遵循先总后分的逻辑顺序,即首先陈述句子的核心要旨,随后再逐一展开辅助性的修饰成分。这种表达方式将句子的主体部分置于句首,而将具体的细节或修饰语置于句末,以突出主题并增强语句的条理性。与此相反,英语的表达习惯则倾向于先分后总,通过将细节信息与句子的主干紧密结合,构建出更为复杂且信息丰富的句式结构。

例 2-14 The digestive system of ruminants, characterized by a complex four-chambered stomach that allows for the efficient breakdown of cellulose-rich plants, is a key adaptation for their survival in diverse environments.

参考译文:反刍动物的消化系统以复杂的四腔胃为特征,可以有效地分解富含纤维素的植物,这是它们能在各种环境中生存的关键性适应特征。

在这句话中,英语先通过定语从句详细描述了反刍动物的胃的特点,然后再总结这是它们适应多样性环境的关键。但在翻译成汉语时,我们需要调整这种结构,先提出主旨,即反刍动物的消化系统是它们适应各种环境的关键,然后再详细解释其胃的特点。首先需要拆分原句的顺序,先翻译主要成分,即"反刍动物的消化系统……是它们能在各种环境中生存的关键性适应特征",然后再翻译"that"引导的定语从句,译为"以复杂的四腔胃为特征,可以有效分解富含纤维素的植物"。

因此,译者必须充分考虑这两种语言在句子结构上的差异,并据此对原文的句子顺序进行合理调整,确保译文能够更加贴近汉语的自然表达方式,从而提升译文的可读性和流畅性。

4. 适当增减词

考虑到语法结构和修辞效果,在保持对原文内容忠实的基础上,可以通过增减词的方式对译文进行调整。增加词汇有助于使译文更加完整、通顺和明确;而减少词汇则有助于使译文更为严谨、简洁,符合汉语表达习惯。例如:"Air, food, water and heat are four requirements of all living things."可译为"空气、食物、水和热量是一切生物赖以生存的四个条件"(译文增加"赖以生存的"这一定语,使译文符合阐明事理的逻辑)。"The fresh nectar poured out of the body of the bee contains 80 per cent of water."可译为"蜜蜂吐出的新鲜花蜜有 80%的水分"(名词 body 减译,花蜜当然是从蜜蜂的 body 中吐出来的)。需要强调的是,在进行词汇调整时,应当注意防止两种不良倾向:一是避免不必要的添枝加叶,防止过度发挥,造成译文的冗余和失真;二是避免过于轻易地删除,防止肆意裁割,即过于轻率地省略原文中的信息,以确保译文的专业性和可读性。

2.2.3 全面提升译者素养

翻译绝非只是一个简单的文字间转换的概念,而是一项极为复杂的社会文化交互活动,"职业翻译的工作常处于语言、专业、技能、知识和环境的复合叠加和混合状态"。① 无论是在科技翻译还是在文学翻译等其他文体翻译领域,对译者的素养都有基本的要求,例如扎实的语言功底、深厚的文化底蕴、宽广的知识面、良好的思辨能力和一定的审美能力等。

随着翻译职业化的发展,译者的主要构成也发生了明显的变化。传统科技翻译主要依赖各机构内部专职译员或其他技术人员,今天各机构的科技翻译则越来越依赖于翻译公司。作为职业译者,要满足翻译市场的需求,就必须要努力成为翻译的多面手,不能只满足会翻译某些特定领域的文献。科技翻译的译者作为应用型人才,除了基本的翻译素养之外,尤其还要具有"一定复合型和综合性特征,能将专业知识和技能应用于所从事专业的社会实践,使知识转化为生产力,转化为产值"。② 培养适应国家经济、文化、社会建设需要的高层次、应用型、专业型科技翻译人才,是未来翻译专业人才培养的主要目标。

1. 农林科技知识

现代科学技术高度发展,各学科互相渗透。在应用翻译中,译者的专业化常以科目内容和文本类型为条件,不同文本内容要求译者有不同的专业背景。同样都是科技翻译,也有"隔行如隔山"之说。科技翻译的专业知识既包括作为译员的职业知识,如对翻译原则、翻译目的、翻译方法和策略等的认识和掌握,也包括比较广泛的科普知识和与翻译内容相关的主题知识。随着现代科技的高度发展,各学科之间的渗透也越来越深,科技翻译译者跨学科、综合性和基础性的知识更显得尤为重要。

2. 翻译技术工具

21 世纪是科技大发展的时代,也是科技翻译界运用高新科技手段从事创新翻

---

①② 方梦之. 科技翻译与 MTI 教学[J]. 上海理工大学学报,2015(12):301-305,316.

译的新时代。首先,对于信息时代的科技翻译来说,信息和新知识的获取尤为重要,这也意味着大量的文献检索工作。文献检索是指在已经建立的检索系统中用检索工具查找课题需要的文献。译者要从浩瀚的文献海洋中迅速、有效地找到自己需要的相关资料,就需要文献检索知识。常用的检索路径和检索工具如 CA(Chemical Abstracts)、EI(The Engineering Index)和 PIE(Publications Indexed for Engineering)等都是科技翻译者应该熟练掌握的。其次,很多科技文献都有"程式化"的特点,利用好机器辅助翻译可以大大降低译者的劳动量。在现代科技手段的辅助之下,广大科技翻译工作者可以高效利用现代技术的优势,推动国家科技翻译事业蓬勃发展。

3. 译者主体性

科技翻译是一项有明显目的性的跨文化交流活动,译者自身的经验、视域和体验等主体性因素都在翻译过程中起着重要作用。译者的工作虽常被比作"带着镣铐的舞蹈",但是只要充分发挥主体性,译者仍然可以在再创造空间中自由驰骋。所谓译者主体性是指"作为翻译主体的译者在尊重翻译对象的前提下,为实现翻译目的而在翻译活动中表现出的主观能动性,其基本特征是翻译主体自觉的文化意识、人文品格和文化、审美创造性"。[①] 主体性的发挥在科技翻译中显得尤为重要。首先,科技翻译过程中发挥译者主体性可以纠正原文错误,排除原文歧义,使译文臻于"美"境。更重要的是,译者主体性的发挥还表现在译者的责任感和社会责任意识上。在社会转型期,通过强调译者主体性可以更好地降低翻译可能诱发的伦理道德风险。

总而言之,广大科技翻译工作者要不断加强学习、更新知识、更新观念,做到"译才不器"。同时,还要树立高尚的职业道德和高度的社会责任感,努力为我国翻译事业的发展作出新的贡献。

---

① 查明建,田雨. 论译者主体性:从译者文化地位的边缘化谈起[J]. 中国翻译,2003(1):21-26.

第 3 章　专业词汇的理解与翻译

　　词作为语言中能够自由选用的意义结合体,是构成句子的基本单位,其意义对于读者理解句子乃至整个篇章具有至关重要的作用。在科技翻译的领域中,专业词汇的翻译无疑是一大难点,尤其对于许多学生来说,农林科技英语中的专业词汇更是充满了挑战。在句子或篇章中,对于词义的理解不能单纯依赖于字典的解释,还需结合上下文进行适当的调整。同一个词在不同的语境或领域中,往往承载着不同的意义。因此,在进行农林科技英语的专业词汇翻译时,我们需要深入了解其词汇特征,以确保翻译的准确性和专业性。

3.1　农林科技英语的词汇特征

3.1.1　词汇单义与多义混杂

　　在农林科技英语中,有些专业词汇的意义是唯一的,可直接通过查阅字典进行理解;然而,也有一些词汇具有多重含义,或者在不同领域呈现出不同的意思。此外,一些普通词汇在农林科技英语中呈现出专业化的用法,其意义必须依据具体的语境来确定。因此,在翻译这些词汇时,我们必须仔细分析上下文,确保准确传达其专业含义。例如:

单义性:pteridophyta 蕨类植物
　　　　spermatophyte 种子植物
　　　　angiosperm 被子植物
　　　　gymnosperm 裸子植物
　　　　aquaculture 水产养殖
　　　　biochar 生物炭
　　　　microplastic 微塑料
多义性:family:【动植物】科
　　　　　　　　【语言】语系

power:【物理】能,能力

　　　【光学】倍率,放大率

　　　【数学】乘方,幂

mass:【物理】物质,质量

　　　【采矿】体

order:顺序;命令

　　　【生物】目

class:等级;班级

　　　【生物】纲

　　农林科技英语中的专业词汇往往来源于拉丁语、希腊语等古典语言,这些语言在科技领域有着悠久的历史和广泛的应用。相对来说,这部分专业词汇的语义常常比较单一明了。同时,农林科技英语中也广泛使用普通词汇,但在科技语境下却被赋予了新的含义和用法。这些词汇在科技英语中扮演着重要的角色,一些常见的动词、名词和形容词在科技英语中被赋予了特定的科技含义,用于描述科技现象、过程和原理。这些词汇的灵活运用,使得农林科技英语能够更准确地表达农林方面的知识和信息,翻译时要格外关注这些词汇一词多义的用法。

3.1.2　频繁使用缩略语

　　在农林科技英语中,缩略语作为一种专业词汇形式,广泛运用于各种文献和技术交流之中。它们的存在不仅简化了语言,还提高了信息传达的效率。

　　英语缩略词主要分为两大类:首字母缩略词(acronym)和缩略词(abbreviation)。首字母缩略词通过取某些词或词组的每一成分的第一个字母大写组合而成,这是最常见的缩略形式。在农林科技领域,这类缩略词不胜枚举。例如,"OD"代表"Optical Density",即"光密度";"SDG"即"Sustainable Development Goal",意为"可持续发展目标";"FAO"则代表"Food and Agriculture Organization",即"联合国粮食及农业组织";"FYM"指"Farm Yard Manure",意为"农家肥";"CWP"则表示"Crop Water Productivity",意为"作物水分生产力"。

　　除了首字母缩略词,缩略词的范围更为广泛,涵盖了更多形式的缩写。这些缩略词通常直接取自原词的简化形式,或者通过去掉部分字母来实现缩写。在农林科技英语中,这样的缩略词同样非常普遍。例如,"ZT"代表"Zeatin",即"玉米素";"WT"代表"Weight",即"重量";"Lab"则是"Laboratory"的缩写,意为"实验室"。

　　此外,农林科技英语中还有一些特定的缩写和符号,它们用于表示一些常见的概念或单位。例如,"sq"代表"square",即"平方";"CO_2"则代表"Carbon Dioxide",即"二氧化碳";"ME"代表"methylesterase",意为"甲酯酶";"PG"则代表"Polygalacturonase",表示"多聚半乳糖醛酸酶"。

农林科技英语中的缩略词丰富多样，这些缩略词在农林科技领域的文献阅读、研究和交流中扮演着重要角色，因此，对它们的准确理解和翻译至关重要。通过学习和掌握这些缩略词，我们可以更高效地阅读和理解农林科技领域的文献，更准确地传递和交流相关信息。

3.1.3　普遍应用合成词

合成词作为词汇构成的一种重要方式，指的是通过将两个或两个以上的已有词组合在一起，形成一个全新的词。这种词汇构成方式在语言中广泛存在，不仅丰富了词汇的多样性，还使得表达更加精确和生动。

在农林科技英语这一专业领域中，合成词的应用尤为普遍。这些合成词根据书写形式的不同，可以分为合写式（无连字符）和分写式（有连字符）两种。合写式合成词是指将参与合成的各个词直接连在一起，形成一个没有连字符的新词。这种形式的合成词在农林科技英语中非常常见，它们简洁明了，能够直观地表达相关概念或现象。例如，"greenhouse"（温室）就是一个典型的合写式合成词，由"green"（绿色）和"house"（房子）两个词组合而成，形象地描述了用于种植植物的封闭空间。又如："overpopulation"（人口过剩），"overcultivation"（过度耕作），"embryogenesis"（胚胎形成），"agroecology"（农业生态学），"agroforestry"（农林业），"waterlogging"（水涝）。

而分写式合成词则是在参与合成的词之间加入连字符，形成一个有连字符的新词。这种形式的合成词在农林科技英语中也占有一定比重。连字符的加入使得合成词的结构更加清晰，同时也避免了与其他词汇的混淆。例如，"water-saving"（节水）就是一个分写式合成词，由"water"（水）和"saving"（节省）两个词通过连字符连接而成，准确地表达了节约用水的概念。又如："double-cropping"（二熟制），"by-product"（副产品），"self-fertile"（自花受精），"low-growing"（矮生的），"agro-technology"（农业技术），"weed-killer"（除草剂），"low-phytic-acid"（低植酸）。

无论是合写式还是分写式，农林科技英语中的合成词都极大地丰富了专业词汇的表达方式，使得相关领域的交流和表达更加精准和高效。

3.1.4　大量使用词缀法

在农林科技英语的词汇中，还有不少词是通过词缀法构成的。词缀法是指利用词缀（前缀或后缀）作为词素构成新词或专有词。词缀具有极大的灵活性，同时又具有极强、极广泛的搭配表意能力，这是因为一方面词缀的基本词义都比较稳定和明确；另一方面它们的附着力都很强，附着在词根之前或之后，概念可以立即形成。下面举出一些表示特定方面的词根或词缀：

1. 表示数量的词素

haplo, mono, uni 单,一,独

hex, hexa, sex 六

quadric, quadru, quart, tetr, tetra 四

bi, di 二

semi, hemi 一半

tri 三

2. 表示颜色的词素

chrom 颜色

melan, melano, nigr 黑

xantho, flavor, fla, flavi, lute 黄

erythro, rub, rubrm, ruf 红

aur, glid, chrys 金色

3. 表示摄食的词素

-vore 食……的动物

-phage 吃(食)……生物(体)

-phagous 吃(食)……的

4. 表示方位和程度的词素

endo, ento 内,在内

ec, ect, exc, extra 外,外面,表面

intra, intro, inter 在内,向内,间

sub, suc, suf, sug 下,低,小

hyper, over, super, ultra 程度深,数量多

5. 表示动物不同器官和组织的词素

cephal, capit, cran 头,头颅

carn, my, mya, myo 肌肉

haem, haemat, hem, aem, sangul 血[①]

在农林科技英语的实践中,词缀法的应用十分广泛。无论是描述植物的形态特征、生长习性,还是探讨农业技术的创新应用,词缀法都发挥着不可或缺的作用。因此,学习和掌握词缀法对于提高农林科技英语的词汇量以及准确翻译词义具有重要意义。

---

① 韩占江,胡超越. 农学专业英语[M]. 北京:中央民族大学出版社,2017.

3.2　词义的锚定与表达

3.2.1　确定词汇意义

1. 查阅相关资料确定词义

当我们翻译农林类专业词汇时,通常需要查阅资料结合语境来确定词汇的准确意思。查阅的途径一般如下:

首先,查找词典(纸质版和电子版词典,如英汉科学技术词典、Scidict 学术词典等);其次,查找语料库(如美国当代英语语料库 COCA、北京语言大学建立的现代汉语语料库 BCC、联合国术语库、中国特色话语对外翻译标准化术语库等);再者,查找平行文本或网络资料(如必应、谷歌、维基百科、百度百科、知网等)。下面举一例来介绍汉译英过程中查阅资料确定词汇语义的一般步骤。

例 3-1　熏蒸处理设施主要包括熏蒸库、辅助间(包括设备间、投药间、控制间)和药品库等,用于进口原木的检疫熏蒸处理。①

这句话出现了若干专业词汇。比如说"熏蒸"是反复出现的信息,那么这个词是什么意思? 我们又如何翻译专业词"熏蒸库"呢?

第一步:查阅《新世纪汉英大词典》(或电子词典)中"熏蒸"的翻译,发现它有如下含义:① 形容词 stifling, suffocating:暑气的;② 动词(中医)treat by fuming, steaming;③ 动词 fumigate。根据语境,这里应该选 fumigate。

第二步:在《英汉大词典》中查阅"fumigate",得出如下提示:① (为消毒、杀虫等)烟熏、熏蒸;② 名词 fumigation。如此,确定"熏蒸"应该翻译为"fumigate"。

第三步:如何翻译这里的"库",首先要明白它在此语境的意思。"库"在汉英字典中表示:a place where we store things, 例如 warehouse(仓库)、library(书库)等。但是,这里的"库"显然不是"储存某种东西的仓库",而表示"对原木进行杀虫的房间"。通过网络搜索,我们找到一个对应的词"chamber", 意思如下:gas chamber(作特殊用途的)房间(A chamber is a room designed and equipped for a particular purpose.)。如:For many, the dentist's surgery remains a torture chamber. (对许多人来说,牙医的治疗室一直是间受刑室。)

第四步:如何确定"chamber"就是这里"库"的意思? 我们可以通过必应或百

---

① 姚嫄. 英汉互译:分析与实战[M]. 南京:南京大学出版社,2017.

度搜索"fumigation chamber",得出结果如图 3-1 所示。

图 3-1　检索结果示例

必应上给出的"fumigation chamber"的英文含义为:"Fumigation Chambers are used to apply fumigants such as methyl bromide to agricultural products to eliminate pests.",与我们所需要的词汇意思十分吻合。所以,熏蒸库的译文为"fumigation chambers"。

除了查阅词典和专业网站以外,我们还可以通过以下三种方法来翻译专业词汇。需要注意的是,这些方法并不是相互割裂的,而是可以同时使用,没有先后顺序之分。搭配使用这些方法可以更好地帮助我们准确翻译出译文。

2. 根据词汇搭配判断词义

在科技英语中,许多词汇都有特定的搭配,这些搭配通常与科技领域的专业知识、术语或概念密切相关。观察和分析这些搭配,能够帮助我们更准确地理解特定语境下的词汇含义。

例 3-2　① transmit heat 传热

　　　　　　transmit power 发射功率

　　　　　　transmit programs 播放节目

　　　　　　transmit electricity 输电

　　　　　　transmit disease 传播疾病

　　　　② a jazz freak 对爵士乐着迷的人

　　　　　　freak of nature 畸形

　　　　　　a freak accident 反常的天气状况

　　　　③ interactive programming conditions 交互式编程环境

a rare nonmalignant condition 罕见的良性病例
aircraft operating conditions 飞机运行状况

显然,这三组例子中:transmit、freak 和 condition 与不同的词汇搭配时,具有不同的含义。农林科技英语中的词汇搭配往往具有高度的专业性和精确性。当遇到一词多义、词义难以确定时,我们可以根据词汇搭配的具体语境来帮助我们分析,以确保对词汇含义的准确理解。

3. 根据语法功能(如词性、参照词、构词法等)判断词义

在农林科技英语中,根据语法功能来判断词汇意思主要基于词汇在句子或段落中的语法作用和结构关系。这种方法通过分析词汇的词性、参照词和构词法等,从而推测出词汇在特定科技语境下的意义。

例 3-3 Bricks are also produced in many different colors and with various finishes, particularly those used for decorative purpose.(根据词性)

分析:本例句中的"finish"是我们非常熟悉的词汇,但需要注意的是,该词汇在这里是名词,而不是我们熟悉的动词词义。于是,我们需要去查阅"finish"作为名词的意思。《柯林斯词典》的词条显示,它作为名词可以表示"(物体表面的)抛光;修饰",然而我们直译为"抛光"的意思时,句子显然不通顺。所以我们需要根据语境从该条意思延伸出来,不同的抛光程度也就是指物体表面具有不同的"光泽度"。由此,得出准确译文。

参考译文:砖也可以烧制成许多不同的颜色,具有不同的光泽度,尤其是那些用于装饰的砖。

例 3-4 Called hydroponics, soilless agriculture is the science of growing plants in water or inert media such as shavings, bark, compost, sand, pebbles and processed clay in organic and inorganic environments.(根据参照词)

点评分析:本例句中的"hydroponics"属于植物学领域的一个专业词,我们碰到这样的专业词往往第一时间就去查阅词典,但在这里,我们可以根据已知的一些参照词,来推测出该专业词汇的意思,如紧接着该词后的"soilless agriculture",根据语法知识,判断出"hydroponics"与"soilless agriculture"是同位语的关系,不难得出后者的意思为"无土栽培",也即"水培",如此,即可轻易得出"hydroponics"的译文。

参考译文:无土栽培也称为水培,它是在有机和无机环境中用水或诸如木屑、树皮、堆肥、砂、卵石和加工的黏土等惰性物质中培育植物的一门科学。

例 3-5 It is partly better, more compact, cruelty-free and pollution-free factories. Among the best options, multicellular organisms (plants and animals) to farming unicellular creatures (microbes), which allows us to do far more with far less.（根据构词法）

点评分析：该例句的专业词汇有"cruelty-free"、"pollution-free"、"multicellular organisms"以及"unicellular creatures"。无需查阅词典，我们根据"连字符构词法"（两个单词的合成词组成的新词）可以判断出"cruelty-free"和"pollution-free"意思为"不残忍的"和"无污染的"，当然这两个形容词后面还要修饰工厂，所以"cruelty-free"直译为"不残忍的"说不通，需要增译为"没有残忍手段的"。再依据"派生构词法"，"multi-"和"uni-"这样的前缀分别表示"多个"和"单个"的意思，而"cellular"意为"细胞"，如此可以得出"multicellular organisms"和"unicellular creatures"的意思分别是多细胞生物和单细胞生物。

参考译文：部分解决办法是使用更好、更集约、没有残忍手段且没有污染的工厂。而其中最好的选择是，从养殖多细胞生物（植物和动物）转向养殖单细胞生物（微生物），这样我们能用少得多的资源办更大的事。

在科技英语文本中，通过识别词汇的词性，分析词汇在句中的语法功能及参照词、辅助构词法的特征，都可以帮助我们推断其在科技领域中的具体含义。根据语法功能判断词汇语义的这些方法相辅相成，共同构成我们在理解和翻译科技英语词汇时的有效工具。通过综合运用这些方法，我们可以更准确地把握科技英语词汇在特定语境下的意义，提高理解和翻译的质量。

4. 根据专业领域判断词义

农林科技英语文本中沿用了大量的普通词汇。这些词汇在不同的学科背景和语境下具有不同的含义和用法，因此，在理解和翻译这些词汇时，需要充分考虑其所在的学科领域和上下文环境。

例 3-6 This makes it harder for plants to carry water and nutrients around them. It also fouls up their ability to draw carbon dioxide needed for photosynthesis from the air.

点评分析：通过参照词"plants"、"water and nutrients"以及"carbon dioxide"，可以初步判断出这句话说的内容属于生物学领域，再结合这些参照词的意思（植物的……水和二氧化碳），可以推测出"photosynthesis"表示植物的"光合作用"。

参考译文：植物获得周围的水分和营养物质变得更困难了。这种环境也破坏了植物从空气中吸收所需二氧化碳进行光合作用的能力。

例 3-7 The fuel type being refined today are slowly changing from the hydrocarbon fuels that we are familiar with such as petrols, diesels and heating fuels, to more environmentally acceptable bio-fuels which include ethanol and ethanol blends.

点评分析：此句中"diesels"的参照词很多，有"petrols"、"heating fuels"、"biofuels"以及"the hydrocarbon fuels"，这些参照词都在暗示此处的"diesels"属于燃料领域里的一种，即"diesel oils"（柴油）。

参考译文：现今提炼的燃料类型正在慢慢改变，从我们熟知的碳氢燃料（如各种汽油、柴油以及加热燃料）变成了更为环保的生物燃料（如乙醇和乙醇混合物）。

例 3-8 By studying the annual rings of trees, scientists can reconstruct past climate patterns and environmental changes.

点评分析："ring"在日常英语中通常表示环形物或声音。但在农林科技领域，如树木学中，"ring"特指树木的年轮，用于研究树木的生长历史和生态环境。

参考译文：通过研究树木的年轮，科学家可以重建过去的气候模式和环境变化。

在理解和翻译农林科技文本的词汇时，需要充分考虑其所在的学科领域和上下文语境，以确保准确传达原文的信息和意图。同时，这也要求我们在学习和使用农林科技英语词汇时，要注重积累和实践，不断提高自己的专业素养和语言能力。

3.2.2 词汇的判断与表达

正确深刻的理解是充分表达的基础，然而，即便理解透彻，也未必能将译文的含义传达到位。几乎每一位翻译工作者都常有这样的体验：虽然内心清楚明白，却一直苦心孤诣地寻找确切的措辞。就表达而言，写作或演讲是一种方式，而翻译则有所不同。对于前者，我们畅所欲言，表达自己的思想和情感，但在翻译时，词汇的表达则是将一种语言中传达的内容以准确、完整的方式重新呈现在另一种语言中。当然，词汇的选择还需要考虑到专业背景知识、语境和搭配习惯等方面。

例 3-9 茶具有一定的消炎、抗氧化和减肥作用，饮茶可有益于健康；喝茶还能让人静心、静神，有助于陶冶情操、去除杂念。

点评分析：本例句的主题与"茶"相关，我们需要注意词汇的动宾搭配。在汉语中，"静心"和"静神"共享同一个动词，翻译成英语时需要使用不同的动词来准确表达语义。同样，"陶冶情操"和"去除杂念"在翻译时也需要注意动词与名词是否搭配得当，才能确保译文的准确地道。

参考译文：With certain anti-inflammatory, antioxidant and weight-losing effects, drinking tea is good for health. Drinking tea can also make people meditate and calm, which helps cultivate one's personality and stay away from distractions.

例 3-10 以叶用芥菜品种砂锅底青菜为试材，设置白光（对照）、绿光、红光、蓝光和红蓝组合光(R∶B=3∶2)五种处理,研究不同 LED 光质对芥菜芽苗菜生长、营养质量和抗氧化特性的影响。

点评分析:本例选自一篇论文的摘要,语言较为严谨、规范。涉及的专业词不少,有"叶用芥菜芽苗菜""砂锅底青菜""营养质量""抗氧化特性",分别译为"leafy mustard sprouts""Shaguodi Qingcai""nutritional quality""antioxident properties"。其中"砂锅底青菜"采取拼音的译法,是因为通过检索,我们发现芥菜是我国一种广泛种植的蔬菜,具有较强的地方性,采取拼音译法,使非汉语国家的读者更易理解。"营养质量"译为"nutritional quality"而不是"nutrient quality",这是为什么呢?通过查找平行文本,我们发现美国耶鲁大学开发了一个名为"ONQI"的体系,该缩略词的全称为"Overall Nutritional Quality Index",意思为"综合营养质量指数",即得出该术语的译文。另外,通过检索这两个译法的使用频率,也可得出前者的使用频率更高。通过此例,可以得出术语的翻译不仅需要查阅词典,更要渗透理解其含义,并查阅更多背景知识,这样才能得出准确译法。

参考译文:This study investigated the effects of different LED light qualities on the growth, nutritional quality, and antioxidant properties of leafy mustard sprouts using the variety "Shaguodi Qingcai" as the test material. Five treatments were set up: white light(control), green light, red light, blue light, and a red-blue combined light (R∶B=3∶2).

例 3-11 A typical <u>foliage leaf</u> of a plant belonging to the dicotyledons is composed of two principal parts: blade and petiole.

点评分析:本例句中,我们需要注意专业词汇"foliage leaf"的意思。很多译者都查阅到"foliage"意为"(植物的)叶子",于是将其译为"叶子",却没有考虑到这里的"foliage"与"leaf"搭配在一起的专业领域的表达。我们通过查阅必应词典发现"foliage leaf"翻译为"营养叶"更为准确。

参考译文:双子叶植物典型的<u>营养叶</u>由两个主要部分组成:叶片和叶柄。

例 3-12 But some (plants) hit the jackpot, conferring properties like drought resistance, blight resistance or shorter stems, favoured by farmers, and <u>sweeter flavours, brighter colours or thinner peel</u>, favoured by consumers.

点评分析:本例句的主题是与植物学相关的。需要注意原文的"修饰语+中心词"这样的偏正结构搭配,英译汉时,如果我们翻译为"更甜的口味、更亮的色泽或更薄的果皮"则显得十分啰嗦,不够简洁,而且英译汉的译文中要尽量要少用"的",所以翻译为"口味更甜、色泽更亮或果皮更薄"更加流畅简洁。

参考译文:但对有些植物来说,却歪打正着,让其有了受农民青睐的抗旱、抗枯萎或短茎的特性，以及受消费者青睐的口味更甜、色泽更亮或果皮更薄的特性。

农林科技英语翻译时词汇的选择与表达需要注意搭配的适切性、专业领域词汇含义的准确性、语言表达习惯以及相关背景知识等方面。通过综合考虑这些因素，可以确保译文的准确性和专业性，有效传递原文的信息。

3.3 农林专业词汇在段落中的处理

在翻译段落时，遇到的挑战主要是对特定行业或领域术语的深入了解，包括了解专业术语的常用表达方式，以及如何将其综合运用到翻译中，以确保翻译结果的准确性和专业性。此外，还需要考虑句子结构的处理，尤其是长流水句，有时需要拆分长句或调整语序以保持翻译的流畅度和可读性。动宾搭配的转换也是一个重要方面，需要确保动词和宾语在英文中的搭配符合表达习惯。在处理同位语和多义词时，需要综合上下文的信息进行判断，以确保译文的一致性和准确性。

3.3.1 汉译英案例

例 3-13 智慧农业拥有了一颗"超级大脑"，除了人工智能外，还离不开大数据、物联网、区块链和遥感技术这些底层技术的互通互联。物联网技术通过收集作物生长、农事作业等遥感技术数据，进行实时视频监控并传输至云端，运用大数据、人工智能等技术构建农业数字模型。区块链技术则主要应用于智慧溯源系统，为企业提升经营管理效率的同时，也为消费者提供更安全、更实惠、品质更高的产品。

点评分析：本段文字选自中国网对人工智能助力智慧农业发展的介绍，不仅涉及农学的专业词汇，如"作物生长""农事作业"等，还涉及人工智能领域，如"物联网""区块链"等。处理这类专业词汇，首先我们可能需要检索这些词的意思及其背景知识，在理解的基础上，再去查阅词典和权威翻译。如"区块链"一词，通过查询，我们了解到其意为"借由密码学串接并保护内容的串联交易记录（又称区块），是分布式数据存储、点对点传输、共识机制、加密算法等计算机技术的新型应用模式"。通俗地说，"区块"与"链"，这两个词恰如其分地描绘了区块链的形态。每一个区块，就好比一个数据的容器，它内部储存了一定数量的交易记录。而这些区块并非孤立存在，它们通过密码学连接在一起，形成了一条长链。于是我们不仅明白区块链的含义，也得到了它的正确翻译即"blockchain"。本段的其他专业词汇处理方式也是以此类推。

参考译文：Smart agriculture has a "super brain" thanks to AI, and it is also benefiting from the interconnection of underlying technologies such as big data, Internet of Things(IOT), blockchain and remote sensing. The IOT technology collects technical remote sensing data such as crop growth and farming operations, carries out real-time video monitoring and transmits it to the cloud, and then uses big data, AI and other technologies to build digital agricultural models. Blockchain technology is mainly applied to the intelligent traceability system, which not only improves the efficiency of enterprises' operation and management, but also provides consumers with safer, more affordable and higher-quality products.

例 3-14 在今年"中央一号文件"中，中国也明确提出了加快农业农村大数据应用，推进智慧农业发展，助力农业数字化转型，建设竞争能力强的农业强国目标。在湖北省的一家"植物工厂"里，AI 正通过模拟人的意识、思维规律和过程，学习农事作业方法、病虫害识别和防治解决方案等相关的大量数据，进行推理、思考、规划，从而提升资源利用率，降低农药化肥的消耗。

点评分析：本段的专业词汇主要有"智慧农业""农业数字化转型""农事作业方法""病虫害识别""农药化肥"等，是典型的农学领域专业词汇。如果一个术语有两种及以上的常用翻译，应该优先考虑哪一种，这时候需要查阅相关资料，确定最佳译法。"智慧农业"的翻译究竟是"smart agriculture"还是"intelligent agriculture"？我们通过必应（国际版）或者谷歌检索，可以得出使用前者的频率更高也更准确，具体解释为："Smart agriculture, is the adoption of advanced technologies and data-driven farm operations to optimize and improve sustainability in agricultural production. Technologies used for smart farming include artifical intelligence (AI), automation and the Internet of Things (IOT)."。

参考译文：In its "*No. 1 central document*" for 2023, China has also put forward accelerating big data application in agriculture and rural areas, promoting smart agriculture development, and facilitating agriculture's digital transformation in a bid to build up the country's competitiveness in agriculture. In a "plant factory" in China's Hubei Province, AI is simulating human consciousness as well as thinking rules and processes to acquire a large amount of data related to agricultural operation methods, pest identification and control solutions. After data-based reasoning, thinking and planning, AI helps lift agricultural resource utilization and cut pesticide and fertilizer use.

例 3-15　在乡村振兴战略实施中,青年领办专业合作社、推广现代农业科技、壮大农村新产业新业态,带头移风易俗、改善农村人居环境、倡导文明乡风,带动农民增收致富,助力农村焕发新貌。

点评分析:首先,这段中文是由常见动词短句构成的长流水句,翻译时不必顺应原句结构译为一句话,可先进行意群拆分,适当断句,降低构句难度,避免英文句子过长。其次,我们要注意措辞表达。在将汉语中的动宾搭配翻译成英语时,我们需要谨慎处理,确保语法正确且语义清晰。同时,对于涉及农村发展的专业词汇,如"乡村振兴""专业合作社""移风易俗"等,我们也要进行恰当的处理,确保译文的准确性和专业性。"推广现代农业科技"中,"推广"我们可能想到"promote",但此处应理解为"应用"现代农业技术,即 apply modern agricultural technologies。"移风易俗"也就是指改变旧的风俗习惯,或者摒弃过时的社会习俗,翻译时需将这层含义表述出来,译为"abandoning outdated/obsolete/outmoded social mores/customs"。同时,"倡导文明乡风"也是描述乡风建设方面的短语,可以和"移风易俗"放在一起译出,即"abandoning outdated social mores, nurturing civil social norms of conduct"。"改善农村人居环境"等同于"改善乡村生活环境",即"improving rural living environments"。

参考译文:As the country implements the rural revitalization strategy, young people have led the efforts to establish specialized cooperatives, apply modern agricultural technologies, and develop new industries and new forms of business in rural areas. They have taken the lead in abandoning outdated social mores, nurturing civil social norms of conduct, and improving rural living environments, and helped villagers increase their incomes. All of these have contributed to giving rural areas a bright new image.

3.3.2　英译汉案例

例 3-16　One of our era's great and inconvenient truths is that global food production and the climate emergency are intimately linked. Drought, flood and other extreme weather events threaten farming ecosystems across the world. At the same time, greenhouse gas emissions from animal agriculture play a major role in global heating. We know that the default western diet, with its heavy emphasis on meat and dairy, is harming the planet. Eating habits in wealthy countries will have to change, and livestock numbers be reduced, if climate targets are to be met and vulnerable food systems saved.①

点评分析：本段文字的专业词汇不难翻译，如"farming ecosystem"，我们根据前文提到的构词法，就可以得出其意思为"农业生态系统"；通过查阅词典，可知"animal agriculture"意思为"畜牧业"。需要注意的是，这里的"food system"并不是"食物或食品系统"，而是"粮食系统"（与农业相关）。外刊的报道一般很少涉及难度很大的专业词汇，翻译时更多关注的是对句子的整合和整体意思的把握，因此我们需要多去了解此类报道的词汇特征和行文特征。

参考译文：我们这个时代的一个重大而难以忽视的事实是，全球粮食生产与气候紧急情况密切相关。干旱、洪水和其他极端天气事件威胁着世界各地的农业生态系统。与此同时，畜牧业的温室气体排放在全球变暖中起着重要作用。我们知道，西方传统的饮食习惯严重依赖肉类和奶制品，这正在危害地球。如果要实现气候目标并挽救脆弱的粮食系统，富裕国家的饮食习惯必须改变，牲畜数量也必须减少。

例 3-17　Some phone apps can now identify a plant from just a photo. Robots equipped with cameras will not only weed but automate other farming roles. Having spotted a weed, there are several ways to try to kill it. The Small Robot Company's weeding agribot, called Dick, electrocutes them. The robot's wheels work like an electrode to make contact with the ground while another electrode is moved to touch the plant. This makes a circuit through the plant and creates heat, effectively boiling the plant's cells and killing it from stem to root instantly. It can take several thousand volts, although this is adjusted according to the type of weed. The remnants of the plant can then be left to naturally decompose into the soil.②

点评分析：本段文字涉及的专业词汇有"electrocute""electrode""boil the plant's cells""remnants""decompose"等，这些专业词汇大多能通过词典查阅得出意思，难点在于准确理解原文对于农业领域机器人除草模式的介绍。其中"boil the plant's cells"应翻译为"植物细胞气化"，"boil"一词在《牛津词典》中的意思为"heat (a liquid) to the temperature at which it bubbles and turns to vapour"，而"气化"的意思就是将物质的形态从液态转化为气态。这一专业术语的处理需要我们整合多方面的知识来充分理解并准确翻译出其意思。

参考译文：如今，一些手机应用程序甚至可以仅凭一张照片就能识别

---

① 引自 2023 年 11 月 12 日《卫报》（The Guardian）文章 The Guardian View on Farming's Green Transition: the Politics Aren't Looking Good（《对农业绿色转型的看法：政治形势不乐观》）。

② 引自 2020 年 2 月 8 日《经济学人》（The Economist）文章 Using Artificial Intelligence, Agricultural Robots Are on the Rise（《农业机器人正在借助于人工智能技术而崛起》）。

照片中的植物。配备摄像头的机器人不仅能够除草，还能使其他农活实现自动化。在识别杂草后，有几种方式可以将其除掉。小型机器人公司开发的这款除草机器人名叫迪克，它使用的是<u>电击</u>的方式。机器人的轮子作为一根电极与地面接触，同时另一根电极通过移动与杂草接触。这<u>便通过杂草形成一个回路，同时产生热量，使植物细胞瞬间气化，从而从茎至根将杂草除去</u>。这或许得要高达几千伏的电压，当然也根据杂草类型的不同而有所差异。<u>随后，杂草的残余物将在土壤中自然分解</u>。

例 3-18　Limits to the Dutch <u>model of turbo-farming</u> have been suspected for decades. Already in the 1980s, authorities realised that importing lots more animal feed would result in lots more animal excrement. Yet the limits of the land kept being tested: each acre of Dutch farm supports four times as many animals, by weight, as others in Europe. The result of all those digestive tracts has been <u>a surfeit of excreted nitrogen, a key nutrient for plants but one that in excessive quantities can destabilise ecosystems</u>. Cars and industry emit <u>nitrogen compounds</u> too. All this has contributed to damaging the soil and polluting waterways. Flora that thrive on excess nitrogen have been killing off plants that would otherwise manage to compete for resources. That in turn has knock-on effects, not all of which scientists understand.

点评分析：本段文字的专业词汇有"model of turbo-farming""nitrogen""nitrogen compounds"等。如"nitrogen"在上文中已有解释，即为"a key nutrient…"划线部分，属于同位语。根据这句话的解释，再联系后文的"cars and industry emit nitrogen compounds"，我们不难得出其意思为"氮"，"nitrogen compounds"意为"氮化合物"。根据构词法，我们可能会将"turbo-farming"译为"涡轮农业"，那么我们去验证是否有此类说法，通过检索资料，如中华人民共和国农业农村部官网对于《开启"涡轮增压"模式　即墨区农机化发展跑出加速度》一文的发布，我们发现，这里的"涡轮农业"就是运用涡轮增压器来提高农业机械行业的效率，所以"model of turbo-farming"译为"涡轮增压农业模式"更为准确。

参考译文：几十年来，人们一直怀疑荷兰的<u>涡轮增压农业模式</u>的局限性。早在20世纪80年代，当局就意识到，进口更多的动物饲料将导致更多的动物排泄物。然而，土地的极限一直被测试：按重量计算，荷兰每英亩农场所养的动物是欧洲其他国家的四倍。所有这些消化道的结果是<u>排泄出大量的氮，这是植物的一种关键营养物质，但过量的氮会破坏生态系统的稳定</u>。汽车和工业也排放出<u>氮化合物</u>。所有这些都导致了土壤的破坏和水道的污染。以过量氮为生的植物群一直在杀死那些本来可以设法竞争资源的植物。这反过来又产生了连锁反应，并非所有的科学家都了解。

第 4 章　复杂句式的翻译处理

农林科技英语因其词汇复杂性,不同于普通英语文本。然而,在涉及农林文本复杂句式翻译这一问题上,我们完全可以从普通文本复杂句式翻译中找到足够多的借鉴。本章的主要特色在于将普通文本复杂句的翻译与农林文本复杂句式翻译紧密结合。本章对所选取的普通文本复杂句翻译给予充分讲解,从而启发广大学生更好地从普通文本复杂句的翻译中找到规律,获取足够的知识储备,更好地处理农林文本复杂句式翻译。

本章普通文本译例主要选自名家名译、重要翻译赛事及笔者自译,均取自于近年的材料,较为新颖。农林文本相关材料主要选自联合国粮农组织官网的近期新闻材料,较具时新性。

4.1　词　句　转　换

英语句式呈聚集型,句子结构完整,严密规范,有严谨的主谓结构。汉语句式呈流散型,多用散句、松句、流水句,句段流泄铺排。基于这一对比,在英译汉时,需注意将英语长句破句重组,化繁为简。此点的关键在于将英语句中的词处理为汉语的小散句,方能符合汉语流散型特征,不宜保留英语的长句整句特征。汉译英时,需化简为繁,关键在于适度将汉语的部分散句处理为英语的词。在英语中,词的位置比较灵活,可充当主语、宾语、同位语等各种角色,从而保证句子整体结构的完整与紧凑。

4.1.1　英译汉:变词为句

例 4-1　That absence of sound was a good omen for this day of celebration.

参考译文:雨声停了,这对今天的庆祝活动可是个好兆头。

点评分析:此例原句是一个完整的主系表结构。根据上下文提示,这里的"sound"是指"雨声"。很多学生在翻译该句时,都处理为"消失的雨声对今天的庆祝活动可是个好兆头"。尽管这样的处理不影响读者的理解,但不符合汉语的表达习惯,亦不符合中国读者的阅读习惯,因为汉语句式应为流散型。这里,我们建议将该句进行分译处理,将"that absence of sound"一词处理为句子。对于将词处理为句子,一个关键的技巧就是将"消失的雨声"这样的偏正结构处理为"雨声停了"这样的主谓结构;另外,我们在后一句加上指示代词"这",用以重复前句内容,这样的处理使译文显得非常自然。

通过我们对普通文本英译汉中变词为句技巧的掌握,下面我们来看农林文本英译汉如何使用该项技巧。

例 4-2 Declining stocks for some commodities, higher energy and fertilizer costs, poor weather conditions in several key producing countries, uncertainties related to trade policies and risks associated with the ongoing conflict in Ukraine are all causes for concern.

参考译文:粮食库存下降,能源和肥料价格高企,主要生产国天气条件恶劣,贸易政策缺乏稳定性,乌克兰冲突引发风险,这些都令人十分担忧。

点评分析:根据前例的启发,我们将"declining stocks for some commodities"、"higher energy and fertilizer costs"、"poor weather conditions in several key producing countries"、"uncertainties related to trade policies"和"risks associated with the ongoing conflict in Ukraine"用主谓结构处理为句子,即"粮食库存下降"、"能源和肥料价格高企"、"主要生产国天气条件恶劣"、"贸易政策缺乏稳定性"和"乌克兰冲突引发风险",然后,我们在最后一句加上指示代词"这些",用以重复前句内容。

例 4-3 These crises call our attention to the crucial role of sustainable management and the restoration of our precious resource to safeguard healthy soils and their fertility.

参考译文:这些危机提醒我们,必须关注可持续管理,让宝贵资源重新发挥关键作用,以保护土壤的健康和肥力。

点评分析:此例原句是一个非常完整的长句,学生在翻译时,易受到原句完整结构的影响,将该句译为"这些危机提醒我们注意可持续管理和恢复我们宝贵资源以保护健康土壤及其肥力的关键作用"。然而,这样的翻译不符合汉语句式的流散型特征。因此,我们把"the crucial role of sustainable management"和"the restoration of our precious resource"这两个名词处理为小短句。

例 4-4 Investments in migrants and in diaspora communities, the transfer of skills and knowledge in climate-resilient livelihoods and climate-smart technologies can contribute to promoting green agri-businesses and improve access to food.

参考译文：对移民和移民社区进行投资，传授可抵御气候变化的谋生本领，普及气候智能技术，这些有助于推动绿色农业企业的发展，改善粮食的获取。

点评分析：与前几例相同，参考译文将"investments in migrants and in diaspora communities"、"the transfer of skills and knowledge in climate-resilient livelihoods"和"climate-smart technologies"这三个名词分别处理为三个小散句。将词处理为句的另一个方法就是在名词前面加上适当的动词。因此，我们将上述三词处理为"对移民和移民社区进行投资""传授可抵御气候变化的谋生本领""普及气候智能技术"。另外，我们在最后一句加上指示代词"这些"，用以重复前句内容，这样的处理非常符合汉语的句式特征。

4.1.2 汉译英：变句为词

例 4-5 快乐的百灵鸟一向早起，在枝条间婆娑起舞，向太阳娇滴婉转，唱着颂歌。

参考译文：The merry larks, habitual early risers, dance gracefully from twigs to twigs and warble out sweet and melodious odes to the sun.

点评分析：此例原文是典型的汉语流散型句式。如依照汉语句式翻译，至少会出现三个动词，分别为"一向早起""婆娑起舞""唱着颂歌"，学生的译文往往会将"婆娑起舞"与"唱着颂歌"处理为并列谓语，将"一向早起"处理为定语从句，修饰先行词"快乐的百灵鸟"，如下："The happy birds, which always get up early, dance gracefully from one branch to another and sing sweet songs to the sun."。这样的处理当然无可厚非，不存在语法问题，然而过多的从句会影响英语句式的紧凑性与完整性，因此可以处理为简单句式，并非一定要用复合句。所以，在参考译文中，我们将"一向早起"这个小句处理为词"habitual early risers"，在句中充当 the merry larks 的同位语。这样，整个句子显得既简洁又紧凑，亦符合英语多用名词、叙述显静态的特征。同时，参考译文中的用词如"larks""twigs""warble out""melodious odes"，比起学生译文中的"birds""branch""sing""sweet songs"更加地道、准确。

通过我们对普通文本汉译英中变句为词技巧的掌握，下面我们来看农林文本汉译英如何使用该项技巧。

例 4-6 充足的饲料带来了质量更高、口味更好的牛奶，直接造福了蒙古国的农民和消费者。

参考译文：Adequate feed led to higher quality and better tasting milk, <u>a direct benefit for farmers as well as Mongolian consumers</u>.

点评分析：在处理该句时，很多同学看到"直接造福了蒙古国的农民和消费者"这一小句，便很自然地跟着原句的结构走，将该句继续处理为句子，译文如下："Adequate feed led to higher quality and better tasting milk, which directly benefited farmers as well as Mongolian consumers."。这样的处理没有语法问题，但不是唯一的途径。我们可以考虑变句为词，将"直接造福了蒙古国的农民和消费者译为"a direct benefit for farmers as well as Mongolian consumers"，使整个句子显得较为简洁。

例 4-7 蜜蜂和其他授粉媒介是勤劳的小家伙，是守护地球健康和人类生活的宝贵伙伴，它们在保持生态系统方面发挥关键作用，对粮食生产和生计至关重要，在野生生态系统与农业生产之间建立直接联系。

参考译文：<u>Hard-working little creatures</u>, <u>precious allies for the health of the planet and the lives of human beings</u>, bees and other pollinators play a vital role in maintaining ecosystems, are critical for food production and livelihoods and directly link wild ecosystems with agricultural production systems.

点评分析：本句原句是典型的汉语流水句式，共五个小句。我们把前两个小句"蜜蜂和其他授粉媒介是勤劳的小家伙"和"是守护地球健康和人类生活的宝贵伙伴"处理为两个词，分别为"hard-working little creatures"和"precious allies for the health of the planet and the lives of human beings"，作为主句主语"bees and other pollinators"的同位语。这样，我们将原句流散型句式处理为英语的聚集型句式特征。

例 4-8 养蜂人报告说，<u>蜂群突然消失，原因不明</u>，随后<u>工蜂死亡，蜂王独自存活，蜂巢随之消失</u>。

参考译文：Beekeepers have reported <u>the sudden and unexplained disappearance of bee colonies</u>, followed by <u>the death of the workers</u>, <u>the survival of the queen alone and consequently the loss of the hives</u>.

点评分析：本句原句是典型的汉语流水句式，共六个小句。很多学生初译该句时，完全遵照汉语句式特征："Beekeepers reported that bee colonies suddenly disappeared for an unknown reason; afterwards, the workers died, the queen survived alone and the hives disappeared consequently."。然而，我们完全可以将初译中这些流散的句子处理为参考译文中划线的词，这样更加符合英语聚集型的句式特征。

4.2 人称物称转换

汉语注重主体思维,往往从人自身出发来描述万事万物,因而常用人称作主语。英语则常用物称作主语(无灵主语句),这构成了汉语和英语的另一大区别。因此,在英汉互译时,可以将英语的物称和汉语的人称进行适度转化。

4.2.1 英译汉:物称主语变人称主语

例 4-9　The hurried trip to the village and the trouble of getting the tea ready had robbed her of her appetite.

参考译文:她一路匆匆往村里跑,又忙于准备午茶,吃饭时便食欲不振。

点评分析:该例原文是典型的英语无灵主语句,即用物称作主语。如果这句处理为"匆忙的村庄之旅和准备午茶的麻烦使她食欲不振",既不符合我们在第 4.1 节所描述的汉语句式流散型特征,也不符合本节所说的汉语倾向于用人称作主语的表达习惯。如何在含物称主语的句子中找到人称,关键在于找到人。本句中有一个 her,因此,我们很自然地将"她"作为主语。有一句经典译例:"The thick carpet killed the sound of my footsteps.",该句被处理为"我走在厚厚的地毯上,听不到脚步声",也是如此。

下面,我们将该技巧用于农林文本英译汉。

例 4-10　Our joint efforts on applied nuclear technologies have been a valuable contribution in increasing the resilience of agriculture to climate change.

参考译文:我们共同致力于应用核技术研究,增强了农业应对气候变化的能力,为之作出了宝贵的贡献。

点评分析:该例原文用"our joint efforts on applied nuclear technologies"物称作主语,在翻译时不宜将原句结构照搬,不宜译为"我们在应用核技术方面的共同努力为提高农业应对气候变化的能力作出了宝贵贡献"。应该考虑到汉语句式多用人称主语,并呈流散型的特征。因此,我们需运用分句译法,并通过"our"一词提取"我们"作主语,这样的译文更符合中国读者的阅读习惯。

例 4-11　A boost in investment is essential to transform the world's agrifood systems to become more resilient, efficient, sustainable and inclusive, while supporting countries' access to climate finance and ensuring that appropriate financial resources reach small and medium-scale food producers.

参考译文:为了打造更高效、更包容、更有韧性且更可持续的农业粮食体系,我们亟须加大投资力度,支持各国获得气候融资并确保中小规模粮食生产者获得适当资金。

点评分析:本句较长,很多学生初译为"增加投资对于改变世界农业食品系统,使其变得更具弹性、高效、持续性和包容性至关重要,同时支持各国获得气候融资,并确保适当的财政资源惠及中小型粮食生产商"。该译文中有很多不符合汉语语言习惯之处。首先,"增加投资对于改变世界农业食品系统,使其变得更具弹性、高效、持续性和包容性至关重要"一句过长,不符合汉语流散型特征,必须采用分译法将该句断开。其次,原句中采用物称"a boost in investment"作主语,译文应更换为人称主语,因此,相较于学生初译,参考译文改为"我们亟须加大投资力度"。最后,原句中"appropriate financial resources reach small and medium-scale food producers"一句仍是物称名词作主语。相较于学生的初译"适当的财政资源惠及中小型粮食生产商",参考译文使用人称主语,译为"中小规模粮食生产者获得适当资金"更为合适。

4.2.2 汉译英:人称主语变物称主语

在汉译英时,如何寻找合适的物称作主语,是翻译中的一大难点。接下来,我们总结几点翻译方向。

1. 介词短语作状语,化介词短语的宾语为物称主语

例 4-12 近几年来,我们在区域和全球一体化进程中遭遇挫折。

参考译文:Recent years have seen a weakening of our collective efforts towards regional and global integration.

点评分析:按照原句的结构,很多学生将"近几年来"处理为介词短语"during recent years"作时间状语,整句处理为"During recent years, we have encountered setbacks in the process of regional and global integration."。参考译文跳出原文框架,将作时间状语的介词短语的宾语"recent years"提取出来作物称主语,用"see"、"witness"等词作谓语动词,表示在某个时间段发生什么事,这是英语中常见的表达方法。

2. 化状语从句为物称名词作主语

例 4-13　乘坐飞机，那才叫美，四周裹的都是白云。①

参考译文：An aerial view is even more spectacular, with clouds encompassing the plane on all sides.

点评分析：对于原句中的"乘坐飞机"，学生一般都处理为状语从句"if you take the plane"，同时将后面两个分句处理为主句，即"If you take the plane, you may find a beautiful scenery with the clouds all around the plane."，然而这种处理方式本质上仍未完全摆脱汉语中倾向于用人称代词作主语的习惯。实际上，我们可以将"if you take the plane"这个条件状语从句处理为一个简单的物称名词"an aerial view"，充当句子的主语，将整个句子处理成一个简单句，更显紧凑。

例 4-14　当我走近，我才得以看清楚这个怪物到底是什么样子的。

参考译文：My approach offered me a closer look at what the strange beast really looked like.

点评分析：此例原文中"当我走近"，学生会很自然处理为时间状语从句，将这个句子译作"When I came closer, I could see clearly what the strange beast really looked like."。实际上，与例 4-13 一样，我们可以将"when I came closer"这个时间状语从句处理为一个简单的物称名词"my approach"，充当句子的主语，整个句子处理成一个简单句即可。

例 4-15　若听过屠呦呦的报告，或是对其研究略作了解，就知道青蒿素的发现既来自中医药"宝库"提供的积淀和灵感，也来自西医严格的实验方法。②

参考译文：A passing familiarity with Tu's speech or a cursory knowledge of her research convinces us that the discovery of artemisinin benefited from both TCM and Western medicine, with the former being the source of inspiration and cumulative knowledge, and the latter providing the methodology of rigorous experimentation.

点评分析：此例原文中"若听过屠呦呦的报告，或是对其研究略作了解"，学生一般都处理为条件状语从句"if you have ever attended Tu's speech or have a general knowledge of her research"，仍未完全摆脱汉语中倾向于用人称代词作主语的习惯。在参考译文中，我们将"if you have ever attended Tu's speech or have a general knowledge of her research"这一条件状语从句转化为一个物称主

---

① 该句及参考译文选自 2016 年第 3 期《中国翻译》。
② 该句及参考译文选自第 28 届国际韩素音翻译大赛原文及参考译文。

语"a passing familiarity with Tu's speech or a cursory knowledge of her research",整个句子便简洁、紧凑了很多,这也符合本章 4.1.2 部分变句为词的技巧介绍。

下面,我们将该技巧用于农林文本汉译英。

例 4-16 尽管他一直在坚持,但迫于<u>低迷的产量和经济上的困窘</u>,他经常会考虑要不要彻底放弃种植洋葱。

参考译文:Despite his determination, <u>low yields and financial hardships</u> often left him contemplating abandoning onion cultivation altogether.

点评分析:按照原句的结构,很多学生将"迫于低迷的产量和经济上的困窘"处理为介词短语"low yields and financial hardships"作原因状语,从而将整句处理为"Despite his determination, he often considers abandoning onion cultivation altogether due to low yields and financial hardships."。通过例 4-12 的讲解,我们知道,参考译文完全可以跳出原文框架,将介词短语的宾语"low yields and financial hardships"提取出来作物称主语,整个译句非常简洁、流畅。

例 4-17 <u>如果过度使用或滥用肥料</u>,就会对生态系统产生负面影响。

参考译文:<u>The excessive use or the misuse of fertilizers</u> will have negative effects on ecosystems.

点评分析:很多学生在翻译该句时,非常容易受到原句结构的影响。对于原句中的"如果过度使用或滥用肥料",他们会很自然地处理为条件状语从句,并习惯于用人称代词作主语,即"If we use fertilizers in an excessive way, we will have negative effects on ecosystems."。但通过例 4-15 的点评分析,我们完全可以将这一条件状语从句转化为一个物称主语"the excessive use or the misuse of fertilizers",这样的处理非常符合英语喜用物称作主语的特征。

例 4-18 <u>你到厨房随便转转</u>,说不定就会发现橱柜里有巴西栗,苏打水含有阿拉伯树胶,花草茶中有甘草。

参考译文:<u>A wander through the kitchen</u> may reveal Brazil nuts in your cupboard, gum Arabic in your soda and liquorice in your herbal tea.

点评分析:很多学生在翻译该句时,很容易跟着原句结构走,将"你到厨房随便转转"处理为条件状语从句"if you stroll around the kitchen",后面的句子处理为主句。但通过前面几例的讲解,我们可将这一条件状语从句转化为一个物称主语"a wander through the kitchen",整个句子用简单句译出,亦符合英语的用语习惯。

4.3 正反译法

由于英汉两种语言在用语习惯、思维方式上的差异,若将原语中的某些肯定句在翻译时处理为否定句可能更加自然、更符合译入语习惯,反之亦然,我们将这种翻译方法称为"正反译法",也称为"反面着笔法"。在英语里,表示否定含义的主要有否定词"no, not, never, seldom"等,以及否定词缀如"un-, im-, in-, ir-, dis-, non-, anti-, -less"等;在汉语中表示否定的主要有"不、没、没有、未、无、非、否、别、莫、勿、毋、休、失、免、缺、禁、忌、戒、防"等副词。另外,英语中的动词如"fail, miss, lack, hold, ignore, refuse, withhold, refrain(from), neglect, deny, overlook, exclude",介词如"beyond, above, but, except, past"等,形容词及形容词词组如"absent, bad, bare, empty, last, poor, vacant, free from (of), far from, safe from, short of, inferior to"等,尽管本身是肯定的,但含有否定意味,在英译汉时可酌情使用正反译法,使意义更明确。

4.3.1 英译汉:正话反说/反话正说

例 4-19 His failure to pass the examination shocked us.
参考译文:他没通过考试,这让我们很震惊。

点评分析:本例原句是肯定句,但其所含名词"failure"尽管本身是肯定的,却含有否定意味。因此,将该句译为否定,更为准确,译文采用"正反译法"中的"正话反说"。此外,将主语"his failure to pass the examination"一词译为句子,处理为"他没通过考试",并运用分句译法,在后一句加上指示代词"这",用以重复前句内容,这样的处理使译文显得非常自然,具体见本章4.1.1部分的讲解。

例 4-20 His failing eyesight did not blind him to his master's face.
参考译文:他视力虽已衰退,却仍能看见主人的脸。

点评分析:本例原文是否定句,很多学生初译为"他衰退的视力并没有使他看不见主人的脸"。尽管语义是正确的,但这一表达非常不自然,不符合汉语表达习惯。因此,参考译文中采取"正反译法"中的"反话正说",将其处理为肯定句。另外,将主语"his failing eyesight"一词变词为句,处理为"他视力虽已衰退",也符合本章4.1.1部分的讲解。

下面,我们将该技巧用于农林文本英译汉。

例 4-21　Food inflation <u>remains high</u> in the world, with dozens of countries experiencing double digit inflation.

参考译文:世界食品通胀<u>居高不下</u>,数十个国家遭遇了两位数的通货膨胀率。

点评分析:原句中的"remain high"可译为"一直很高",但译为"居高不下"更符合汉语的表达习惯。因此,这里我们可以使用"正反译法"中的"正话反说"。

例 4-22　As the climate changes, it is likely that more carbon will be lost to the atmosphere than be sequestered into the soil if <u>business-as-usual agricultural practices continue</u>.

参考译文:如果我们继续安于现状,<u>不改变农作方法</u>,随着气候变化,由土壤释放入大气层的碳总量会超过土壤固碳总量。

点评分析:原句中的"business-as-usual agricultural practices continue"可译为"继续保持农作方法",但译为"不改变农作方法"更符合汉语的表达习惯。因此,这里我们可以使用"正反译法"中的"正话反说"。

例 4-23　While regional and local preparedness and field operations are much improved, <u>they can only be supported with effective forecasting and early warning</u>.

参考译文:区域和地方的备灾能力及实地行动成效虽已大幅改善,但<u>离不开有效预报和早期预警信息</u>。

点评分析:原句中"can only be supported with effective forecasting and early warning"为肯定表达,可译为"但只有有效的预报和预警才能支持这些工作",亦可采取"正反译法"中的"正话反说",运用否定表达"但离不开有效预报和早期预警信息"来处理,使译文更显流畅自如。

例 4-24　For a populous country such as China, the importance of food security can <u>never be overemphasized</u>.

参考译文:对于中国这样的人口大国来说,粮食安全的重要性<u>更应多多强调</u>。

点评分析:本例原文是否定句,很多学生将后半句错误地译为"粮食安全的重要性不应过分强调"。正如"You can never be too careful in driving"不应译为"开车时不能太小心",而应译为"开车时越小心越好"。在英语中,"cannot/can never + too/over"是一个从反面进行强调的特殊句式,不能按照表意翻译。因此,参考译文中采取"正反译法"中的"反话正说",将其处理为肯定句。当然,本句也可译为"对于中国这样的人口大国来说,粮食安全的重要性再怎么强调也不为过"。

4.3.2 汉译英：正话反说/反话正说

例 4-25 离过婚的人,凡是我见过的,都带着烙印。

参考译文:I have seen <u>no one</u> walk out of a divorce <u>unmarked</u>.

点评分析:该例原句为肯定句,学生多沿用肯定句式,将其处理为"I find all divorced people bearing a mark."。然而,原句中有"凡是"一词,起强调作用,学生的译文未能很好地将原文的强调语气译出。这里,我们可以采取"正反译法"中的"正话反说",用双重否定可以较好地传达原文的强调语气。

例 4-26 这些老房子<u>不尽如人意之处还有很多</u>,比如,墙前立有圆形柱子,很难将沙发靠墙放,而且冬天屋里很冷。

参考译文:These old-fashioned houses still <u>leave much to be desired</u>. For example, the round pillars built in front of the wall make it difficult to squeeze a sofa in, and in winter, it may become extremely cold inside the houses.

点评分析:该例原文中"不尽如人意之处还有很多"为否定表达。学生很容易受原句否定表达的影响,处理为"there are still many unsatisfactory aspects about these old houses",这样的处理尽管不存在语法问题,但不够地道。因此,参考译文中我们采取"正反译法"中的"反话正说",用肯定表达"leave much to be desired"译出,更加符合英语表达习惯。

下面,我们将该技巧用于农林文本汉译英。

例 4-27 要调整种植结构,积极发展节水型农业,<u>不要搞大水漫灌</u>。

参考译文:The planting structure should be adjusted to actively develop water-saving agriculture and <u>refrain from</u> water-wasting irrigation.

点评分析:该例原文中"不要搞大水漫灌"为否定表达。学生易受原句否定表达影响,将其处理为"don't irrigate by flooding",这样的处理尽管不存在语法问题,但未完全摆脱中文思维,译文不够自然。因此,参考译文中我们采取"正反译法"中的"反话正说",用肯定表达"refrain from water-wasting irrigation"译出,更符合英文表达习惯。

例 4-28 我们应该共同努力,使我们的农业产业<u>不受病虫害侵扰</u>。

参考译文:We should work together to keep our agricultural industries <u>free from</u> pests and diseases.

点评分析:原句中的"不受病虫害侵扰"为否定表达,在译语中未必需要沿用否定表达"not affected by pests and diseases"译出。这里,我们运用"正反译法"中的"反话正说",用肯定表达"free from pests and diseases"来处理,更符合英文表达习惯。

例 4-29　新冠疫情肆虐给全球应对抗微生物药物耐药性的工作带来了诸多不便。

参考译文:The COVID-19 pandemic may have constrained global efforts to address antimicrobial resistance.

点评分析:原句中的"给全球应对抗微生物药物耐药性的工作带来了诸多不便"为否定表达,在译语中未必需要沿用否定表达"bring much inconvenience to the global fight against antimicrobial resistance"译出,这样的翻译完全正确,但不是唯一选择。我们完全可以运用"正反译法"中的"反话正说",用肯定表达"constrained global efforts to address antimicrobial resistance"来处理,更符合英文表达习惯。

例 4-30　农产品电商销售持续大热。

参考译文:Online sale frenzy of agricultural products continues unabated.

点评分析:原句中的"持续大热"为肯定表达,在译语中未必需要沿用肯定表达"continue to be hot"译出,这样的用法也非常不自然。这里,我们运用"正反译法"中的"正话反说","持续大热"意思就是"热度不减",用否定表达"frenzy continues unabated"来处理,更符合英文表达习惯。

4.4　主动被动转换

中国文化多以人本为主体,强调"天人合一",注重主体思维;西方物本文化强调"天人相分",较注重客体思维。这一不同在语言上的表现为:汉语多用主动句,强调主体思维,而英语多用被动句,强调客观表达。

4.4.1　英译汉:被动变主动

例 4-31　Such are the arts by which cheerfulness is promoted, and sometimes friendship established.

参考译文:上述种种,都是可以增加欢乐气氛的艺术,有时还能建立友谊。

点评分析:该例原文的定语从句中出现了两处被动,分别是"cheerfulness is promoted"和"friendship is established",第二处被动为了避免重复,省略了"is"。同学们在翻译该句时,不宜处理为"通过上述种种艺术,欢乐气氛可被提高,有时友谊可被建立",一定要注意汉语多用主动这一特征。

下面,我们将该技巧用于农林文本英译汉。

例 4-32 Livelihood support is particularly needed to facilitate South Sudan's self-reliance in food production.

参考译文:当前亟需生计支持来促进南苏丹恢复粮食生产能力。

点评分析:该例原文中的被动在译文中不宜沿用,不宜处理为"生计支持特别被需要",不符合汉语表达习惯。因此,本句采用"被动变主动"的译法。

例 4-33 Farmers should be advised to build their homes away from areas vulnerable to natural disasters, such as storms, floods, landslides, mud and rock flows and heavy rain.

参考译文:我们建议农民在建造家园时,远离易受风暴、洪水、山体滑坡、泥石流和暴雨等自然灾害影响的地区。

点评分析:该例原文使用被动,在翻译该句时,不宜处理为"农民应被建议在远离易受风暴、洪水、山体滑坡、泥石流和暴雨等自然灾害影响的地区建造家园"。首先,这种处理方法不符合汉语少用被动这一语言特征,应变被动为主动;其次,译文整句处理过长,不符合汉语流散型特征,建议运用分句译法。

例 4-34 The food cold chain is responsible for around four percent of total global greenhouse gas emissions—when emissions from cold chain technologies and food loss caused by lack of refrigeration are included.

参考译文:粮食冷链排放的温室气体约占全球温室气体排放总量的 4%,其中包括冷链技术的排放和由于冷藏条件缺失导致的粮食损失产生的排放。

点评分析:本例原文后半句中,"when"引导的状语从句中包含一个被动句式,但不宜译为"冷链技术的排放和由于冷藏条件缺失导致的粮食损失产生的排放被包括"。应将原文的被动改为汉语的主动,方符合汉语的语言特征。

例 4-35 Through cooperation between IAEA and FAO, assistance is provided to experts worldwide in using nuclear techniques in agriculture.

参考译文:国际原子能机构与粮农组织携手合作,支持全球专家开展农业核技术应用。

点评分析:本例原句中的被动句式不宜译为"援助被提供给世界各地在农业中使用核技术的专家",应将被动改为汉语常用的主动句式,译为"向世界各地在农业中使用核技术的专家提供了援助",但这句仍不够自然,我们再次改为"支持全球专家开展农业核技术应用"。

4.4.2 汉译英:主动变被动

例 4-36 <u>严肃查处</u>一批环境违法案件。

参考译文:Violations of environmental protection laws <u>were investigated and prosecuted</u>.

点评分析:该句原文是典型的汉语主动句式,因不需要说出施事者,采用无主句的形式来保持句子的主动形式。很多学生在处理该句时,会自动找出隐含主语"we",将句子译为"We will seriously investigate and deal with a number of environmental violations."。实际上,将该句译为英语时,完全可以使用被动句式,以便于把施事者隐含起来。选用"violations of environmental protection laws"作主语,也符合上文所说的将汉语的人称主语改为英语的物称作主语这一技巧。

例 4-37 明朝的房屋多使用更宽的柱子,清朝的房屋则更倾向于木雕装饰以及人物形象的展示。

参考译文:Wider pillars <u>were preferred</u> in the houses of the Ming Dynasty, while in the Qing Dynasty wood decorations carved with different figures <u>were favored</u>.

点评分析:该句很多学生处理得很不理想,关键在于找不准主语,他们错误地选用"houses in the Ming Dynasty"和"houses in the Qing Dynasty"两词为两个并列分句的主语,将句子译为"Houses in the Ming Dynasty used thicker pillars while houses in the Qing Dynasty paid more attention to the decoration with wood carvings displaying characters."。实际上,"明朝的房屋"和"清朝的房屋"是两个分句的地点状语。再如,"我们校园种了很多树"中,"我们校园"一词也不是主语,而是地点状语。因此,在主语不明的情况下,该句用被动语态是最好的处理办法。

下面,我们将该技巧用于农林文本汉译英。

例 4-38 <u>南美洲和亚洲区域</u>在减少毁林方面已取得成功。

参考译文:<u>Deforestation</u> has been successfully reduced in <u>South America and Asia</u>.

点评分析:该例中,很多学生将"南美洲和亚洲区域"处理为主语,将句子译为"South America and Asia have achieved success in reducing deforestation."。实

际上,我们将"南美洲和亚洲区域"一词视为原句的地点状语更为合适。因此,在主语不明的情况下,该句用被动语态,将"deforestation"作为主语,是最好的处理办法。

例 4-39 最近,<u>全球研究人员</u>在开发和推出栽培作物改良新品种方面取得了<u>重大进展</u>。

参考译文:<u>Significant strides</u> have recently been made in the development and release of new improved crop varieties for cultivation <u>by researchers across the globe</u>.

点评分析:该例中,绝大部分学生沿用原句主动结构,将句子译为"Researchers across the globe have made significant progress in developing and releasing new improved crop varieties."。这样的处理中语法完全正确,但不是唯一选择。我们完全可以遵照英语多用被动句式的特征,将句子处理为被动,将"重大进展"处理为主语,这样的例子在汉英翻译中很多。如"生态文明建设取得新进展"这句,我们也应以"新进展"为主语,将句子处理为被动,译为"New ground has been gained in making ecological progress."。

例 4-40 必须为<u>落实这些方案</u>提供资金支持;比如,借助高效的价值链方法引进投资。

参考译文:<u>These interventions</u> must also be backed by appropriate investments, which can be attracted through an efficient value chain approach.

点评分析:该例中,原句主语不明,将汉语的主动变为英语的被动是最好的处理方法。因此,我们将"interventions"作为主语,前半句用被动结构,后半句处理为定语从句,修饰先行词"appropriate investments"。

例 4-41 已修订《特定植物油标准》(CXS 210—1999),纳入葵花籽油中油酸和亚油酸的最新可接受限量。

参考译文:*The Standard for Named Vegetable Oils*(*CXS 210—1999*)has been revised to incorporate new acceptable limits of oleic and linoleic acids in sunflower seed oils.

点评分析:在原句主语不明的情况下,宜将汉语的主动变为英语的被动。因此,我们将"the Standard for Named Vegetable Oils"作为主语,整句用被动结构处理。

4.5 省略/替代与重复转换

英语写作习惯的总体倾向是避免重复。为了避免无意图的重复,英语尽量使用替代、省略等手段。不同于英语,汉语讲究平衡之美,往往诉诸重复的手段来实现,这构成了汉语和英语的又一大区别。因此,在英汉互译时,可以将英语的省略/替代和汉语的重复进行适度转化。

4.5.1 英译汉:省略/替代变重复

例 4-42 As the best law is founded upon reason, so are the best manners.

参考译文:最公正的法律是建立在理智之上的,同样,最好的举止行为也是建立在理智之上的。

点评分析:英语倾向于避免重复,对于字句能省则省,不能省的字句一般多用名词性替代、动词性替代和分句性替代来指代与上文相同的内容。该句原文中的"so"则替代前句的"is founded upon reason"。但在译成汉语时,我们需将替代部分转化为重复的话语,译为"同样,最好的举止行为也是建立在理智之上的"。

下面,我们将该技巧用于农林文本英译汉。

例 4-43 As the pace of urbanization quickens in Asia-Pacific, so too does the threat of urban food insecurity.

参考译文:亚太地区城市化步伐在加剧,同样,城市粮食不安全的威胁也在加剧。

点评分析:受到例 4-42 的启发,我们知道,该句"so"替代前句"quicken"一词。因为,我们需要将原文中的"so"转化为重复的话语,处理为"同样,城市粮食不安全的威胁也在加剧"。

例 4-44 Agriculture remains the main driver of deforestation in all regions except for Europe, where urban and infrastructure development have a higher impact.

参考译文:除欧洲外,农业是造成所有区域森林砍伐的首要驱动因素。在欧洲,毁林主要源自城市扩张和基础设施建设。

点评分析:该例原文中,"where"作为关系副词,引导定语从句,先行词为"Europe"。因此,"where"在从句中指"in Europe"。但在翻译成汉语时,我们需注重汉语喜重复的特点,将"where"译为"在欧洲"。

4.5.2 汉译英:重复变省略/替代

例 4-45 李白号称"诗仙",是道家思想的代表;杜甫号称"诗圣",是儒家思想的代表;王维则号称"诗佛",是释家思想的代表。

参考译文:Taoism <u>can be best represented by</u> Li Bai, the "God of Poetry", for his Taoist <u>thinking</u>, Confucianism <u>by</u> Du Fu, the "Sage of Poetry", for his Confucian <u>ideology</u> and Buddhism <u>by</u> Wang Wei, the "Buddha of Poetry", for his Buddhist <u>conception</u> of the world.

点评分析:该例原文是典型的汉语排比结构,在该结构中,"思想的代表"一词被不断重复,取得平衡之美。然后,在将其译作英语时,应注意英语少用重复,多用省略或替代的语言特征。因此,在译文中,我们除了在第一个分句中完整翻译了"思想的代表"(can be best represented by)一词,第二个和第三个分句均将"can be best represented"几个词省略,仅保留一个介词 by 来衔接句子,使句意不会因为省略而模糊。同时,"思想"一词尽管在中文中不断重复,但在译文中我们分别用"thinking"、"ideology"和"conception"表示,符合英语多用不同的替代词表示同一语义的特征。

下面,我们将该技巧用于农林文本汉译英。

例 4-46 黑穗状醋栗的<u>长枝</u>和短枝都能结果,但主要是<u>长枝</u>结果。

参考译文:Black currant bears its fruit both on long shoots and spurs, but mainly on <u>the former</u>.

点评分析:该例原文中,"长枝"一词被重复两次,很多学生遵循汉语中的重复,将句子译为"The long and short branches of black currant can bear fruit, but mainly the long branches."。首先,学生对"长枝"和"短枝"这两个专业术语译为"long branch"和"short branch"是错误的,在农林英译中,"长枝"译为"long shoot","短枝"译为"spur"或"dwarf shoot";其次,学生译文中的主语选择错误,"长枝"和"短枝"尽管在原句中放在主语的位置,但英译时处理为地点状语为佳;最后,学生译文中的"long branches"出现两次,不符合本节所说的英语不喜重复的语言特征,但这里又不能省略,必须译出,因此,应用"the former"替代。

例 4-47 去皮种子的吸水率是完整种子吸水率的 1.92 倍。

参考译文:<u>The water absorption</u> rate of peeled seeds was 1.92 times <u>that</u> of intact seeds.

点评分析:该例原文中"吸水率"一词出现了两次,但不宜译为"The water absorption rate of peeled seeds was 1.92 times the water absorption rate of intact seeds."。我们在译文中用 that 替代上文出现的"water absorption rate",符合英语的语言特征。

例 4-48　2021 年河南小麦播种面积共计 5690.7 千公顷,占全国小麦播种总面积的 24.15%,全国排名第一;山东小麦播种面积共计 3994.0 千公顷,占全国小麦播种总面积的 16.95%,全国排名第二;安徽小麦播种面积共计 2846.0 千公顷,占全国小麦播种总面积的 12.08%,全国排名第三。

参考译文:In 2021, wheat planting area reaches 5.6907 million hectares in Henan, accounting for 24.15% of the total wheat planting area and ranking first in China, 3.994 million hectares in Shandong, 16.95% of the total, ranking second and 2.846 million hectares in Anhui, 12.08% of the total, ranking third.

点评分析:该例原文是排比句式,其中"小麦播种面积""占全国小麦播种总面积""全国排名"等词被多次重复。在译文中,我们将排比结构的第一个分句完整翻译出来,在第二个和第三个分句中,"wheat planting area" "accounting for" "the total wheat planting area"等词被省略,符合英语的语言特征。

4.6　线型-环型结构转换

中文思维由表及里,由因推果,由次到主,按事件发展顺序层层深入,呈环型结构。与中文思维不同,英文思维呈直线型,往往直奔主题,开门见山,先主后次,先果后因,含有最重要信息的主题句多居句首,而其他次要信息多在从句中出现。这一特征在英译汉时尤为重要。我们可能要将原句信息进行重组,调整原文句式排列顺序,将英文思维方式调整为中文思维方式,这样,译文才能被译语读者理解。因为线型-环型结构转换主要涉及英译汉,本节重点讨论英译汉,汉译英未纳入本节讨论。

例 4-49　The poor are the first to experience technological progress as a curse which destroys the old muscle-power jobs that previous generations used as a means to fight their way out of poverty.

参考译文:以前几代人用旧式的体力劳动作为手段摆脱贫困,而科技进步又摧毁了这种体力劳动,所以穷人最先体会到科技的进步之苦。

点评分析:很多学生初译该例时,完全遵照原文的顺序,将其译为"穷人首先体会到科技进步作为诅咒,诅咒摧毁了旧式的体力劳动,把前几代人用旧式的体力劳动作为手段来摆脱贫困"。然而,直线型的英文思维直奔主题,开门见山,先主后次,先果后因,但在译为汉语时,应遵从汉语由因推果、按事件发展顺序层层深入的环型思维逻辑。因此,我们应当采用逆译法,最先翻译"previous generations used muscle-power jobs as a means to fight their way out of poverty"这一定语从句,这是最先发生的事件,形成背景知识,然后再翻译"technological progress destroys the old muscle-power jobs"这个定语从句,属于在前一背景下发生的新事件,最后再翻译主句"the poor are the first to experience technological progress as a curse",属于前两个事件导致的结果。这样的逆译法符合汉语先因后果的逻辑思维方式。

下面,我们将该技巧用于农林文本英译汉。

例 4-50 Rice, wheat and sorghum in particular contribute significantly to aflatoxin exposure in some parts of the world, where these cereals are consumed as staple foods.

参考译文:大米、小麦和高粱这些主食类谷物,是黄曲霉毒素暴露的主要来源。

点评分析:很多学生在初译该句时,沿用原句顺序,译为"世界一些地区,尤其像大米、小麦和高粱是黄曲霉毒素暴露的主要来源,这些谷物被作为主食食用"。事实上,英文句式将作为次要信息放在"where"引导的英语从句中,在译为中文时,应遵照中文思维由表及里、由次到主的环型结构,采用逆译法,将英语的线型思维转为汉语的环型思维,即首先介绍大米、小麦和高粱这些谷物是主食类谷物,然后再由表及里,介绍这些主食类谷物容易被黄曲霉毒素污染。这样的逆译法符合汉语的思维习惯。

例 4-51 "Mongolians are educated and knowledgeable in horticulture and agriculture technologies. What they need are the right machinery and automation," explained Ji Ergela, SSC Team Leader, who also provided technical support as part of the project.

参考译文:Ji Ergela 是南南合作项目的团队负责人,也为该项目提供技术支持。他解释道:"蒙古人在农艺和农业技术方面拥有良好的教育和知识基础。他们需要的是合适的机械和自动化设备。"

点评分析:很多学生在初译该句时,沿用原句顺序,译为"'蒙古人在农艺和农业技术方面拥有良好的教育和知识基础。他们需要的是合适的机械和自动化设备,'南南合作团队负责人 Ji Ergela 解释道,作为项目成员,他也提供了技术支持"。然而,英文句式可将作为次要信息的 Ji Ergela 以及其身份信息放在主要信息之后,但在译为中文时,应遵照中文思维由表及里、由因推果、由次到主的环型结构,采用逆译法,将英语的线型思维转为汉语的环型思维。首先应介绍说话人 Ji

Ergela 的身份,然后再由表及里,介绍基于这一身份,他说了哪些话。这样的逆译法符合汉语的思维习惯。

例 4-52 "FAO continues to do our part in support of our Member Nations in the Pacific, as they move forward in their collective responses to these challenges and solutions," said Jong-Jin Kim, FAO Assistant Director-General and Regional Representative for Asia and the Pacific during his opening remarks in Apia.

参考译文:粮农组织助理总干事兼亚太区域代表金钟珍在论坛开幕致辞中提到:"粮农组织继续尽职尽责地支持太平洋区域成员国,帮助采取集体行动,共同应对挑战和制定解决方案。"

点评分析:本句翻译与上一例有异曲同工之妙。在译为中文时,应遵照中文思维由表及里、由因推果、由次到主的环型结构,采用逆译法,将英语的线型思维转为汉语的环型思维。首先应介绍说话人 Jong-Jin Kim 的身份,然后再由表及里,介绍基于这一身份,其在论坛开幕致辞中说了哪些话。这样的逆译法符合汉语的思维习惯。

例 4-53 Food insecurity and malnutrition worsen across Somalia as risk of famine increases amid historic fourth consecutive failed rainy season.

参考译文:由于连续四个雨季缺雨,索马里遭遇空前旱情,饥荒风险加剧,该国粮食不安全与营养不良状况持续恶化。

点评分析:本例原句中含有一个"as"引导的原因状语从句。英文思维呈直线型,往往直奔主题,先果后因,先主后次。在译为中文时,应遵照中文思维由因推果、由表及里的环型结构,采用逆译法。首先应翻译"as"引导的原因状语从句,再陈述在该原因之下,产生了哪些影响。这样的逆译法符合汉语的思维习惯。

例 4-54 Of particular concern are hotspots such as peatlands, black soils, permafrost and grasslands, which contain the highest amount of soil organic carbon.

参考译文:泥炭地、黑土、永冻土和草原等土壤有机碳含量最高,这样的地区尤其值得关注。

点评分析:本例很多学生初译为"特别令人担忧的是泥炭地、黑土、永久冻土和草原等热点地区,这些地区的土壤有机碳含量最高"。然而,这样的译文忽视了中文由因推果,由表及里的环型结构特征。"which"引导的定语从句是对先行词"peatlands""black soils""permafrost and grasslands"的解释说明,正因为这些地区土壤有机碳含量最高,才值得关注。所以,在译为汉语时,应用逆序法,先翻译定语从句,阐述原因,再翻译主句,这样由因推果的顺序方才符合汉语的思维逻辑。

例 4-55　Globally, poverty and food insecurity are both on the rise after decades of development gains.

参考译文:全球范围内,尽管在过去几十年间取得了丰硕的发展成果,但是贫困和粮食不安全状况仍在加剧。

点评分析:该例原文符合英语先主后次的顺序,英语句式排列未必是按照时间顺序的,因此,原文先阐述主要内容"贫困和粮食不安全状况仍在加剧",再阐述"经过几十年的发展成果"。然而,将该句译为汉语时,应尊重汉语按事件发展顺序层层深入展开的环型结构特征。因此,我们应采用逆序法,先翻译"after decades of development gains",再翻译"poverty and food insecurity are both on the rise"。

在农林科技文本的翻译中,复杂句式的处理是一大挑战。译者需精通词句转换、人称物称转换、正反译法、主动被动转换、省略/替代与重复转换以及线型-环型结构转换等技巧。这些技巧旨在克服中英文在表达习惯和句式结构上的差异,确保译文既准确传达原文信息,又符合目标语言的自然表达习惯。通过灵活运用这些翻译技巧,农林科技文本才能够更流畅、更准确地被不同语言背景的读者理解,促进农林科技知识的国际交流与传播。

第 5 章　语篇理解与篇章翻译

5.1　语篇衔接与连贯

语篇通常指一系列连续的话段或句子构成的语言整体。[①] 语篇中的词句不是简单堆砌的个体,而是由语义关系连接起来的相互关联、意义统一的整体。也就是说,语篇中的句子并非孤立存在,而是通过各种衔接手段有机地结合在一起,以达到特定的交际目的。了解并掌握英语和汉语的语篇组织方式对有效传达原文语篇意图、使译文符合目的语规范,尤为重要。

语篇是语义单位的集合。语篇衔接不仅仅局限于句内,还可以超越句子,存在于句间或整个语篇内。根据系统功能语言学的相关理论,语篇衔接手段有两类——语法衔接和词汇衔接。

5.1.1　语法衔接

语法衔接主要通过照应、替代、省略和连接等语法方式使句子与前后句之间建立逻辑关系,从而串句成文。

1. 照应

照应是语法衔接的重要手段,指语篇中的一个语言成分与另一个语言成分在语义上形成互相参照和解释的关系。这种照应贯穿语篇的生成和理解中,使得语篇前后连贯、结构紧凑。在英汉科技翻译实践中,理解照应关系有利于弄清语篇逻辑及意义关系,对原语中指称关系的理解是否准确直接关系到科技语篇的翻译质量[②]。把握句内各成分间的或是句际间的回指关系对正确理解原文意义和传递信息至关重要。照应主要包括人称照应、指示照应和比较照应。

[①] 黄国文. 语篇分析概要[M]. 长沙:湖南教育出版社,1988:7.
[②] 谢建平. ESP 科技语篇中"指示指称"的翻译研究[J]. 中国科技翻译,2014(4):43.

第 5 章 语篇理解与篇章翻译

(1) 人称照应

科技语篇旨在客观陈述科技研究成果且不以描述个人为重点,因此,这类语篇很少使用第一人称(I, we)、第二人称(you)和指代人的第三人称(he, she)及相关的词语,而多用指代物和事的第三人称(it, they)及相关词语(it, them, its, their)等。

此外,英汉语篇在人称照应的使用上也存在差异。英语的人称代词使用比汉语频繁得多。因此,在英译汉时要注意人称代词的翻译,如果字字对照,那么译文势必会啰嗦冗长,且不符合汉语的表达习惯,大多数情况下我们可以通过省略或是名词重复等方式来保证汉语译文的语篇连贯。

例 5-1　A nation's level of development can be measured by its ability to produce food and fiber, which relates to their expertise in the area of Crop and Soil Science.

参考译文:一个国家的发展水平可以通过其生产食品和纤维制品的能力来衡量,这涉及各国在作物与土壤学领域的专门技术。

点评分析:原文中的"their"回指上文的"nation",如果硬生生地译成"它们的",反而会使语义不明。这里通过名词重复处理成"各国",比直译更能增强译文的衔接效果。

例 5-2　Governments should also introduce competition rules to prevent private sector monopolies and effective institutions to enforce them.

参考译文:各国政府还应引入竞争规则以防止私营部门垄断,并建立有效的机构来执行这些规则。

点评分析:此例中的人称代词"them"回指"competition rules",而不是"monopolies",为了避免歧义,译文中采用了名词重复的方式,将其译为"这些规则"。

例 5-3　However, if farmers diversify to low-productivity activities, it may actually reduce average income, force households to sell off assets in the event of shocks, and trigger a vicious cycle of greater vulnerability and exposure to risk.

参考译文:然而,如果农民多样化经营,从事低生产率活动,实际上可能会降低平均收入,迫使农户在遭受冲击时变卖资产,并引发更脆弱和更易受风险影响的恶性循环。

点评分析:此例中的"it"指的是前一个分句中假设性的农民做法,在译文中省略不译并不会造成歧义,因而可以根据汉语的表达习惯来保持上下文的连贯。

(2) 指示照应

指示照应是通过指示代词或相应的限定词来完成语义对照的。英文语篇中常用表示近指的代词"this, these"或是表示远指的代词"that, those"以及中性的限定词"the"来衔接上下文,也可以通过一些副词如"here, there, now, then"来实现指示照应的功能。汉语中也有类似的表示近指和远指的指示照应,如"这、这些、这里、那、那些、那里"等。无论是英语还是汉语,这些指示系统的小词在联系上下文语义、实现语篇的连贯和流畅中发挥了重要的作用。

对比两种语言的指示照应系统,我们发现英文中的限定词相较于汉语使用频率更高,且"that"表示回指的频率要高于"this"。但在汉语中"这"的使用频率要高于"那"。因此在翻译的过程中,要根据语境灵活处理,不能总是简单地字字对照着翻译。

例 5-4 中国作为赞比亚全天候朋友,两国长期保持互利互惠良好合作。在农业领域也不例外,作为两国重点发展行业,在中非合作论坛框架下,中赞农业合作近年来取得了显著成果。

参考译文:As all-weather friends, China and Zambia have maintained long-term mutual beneficial cooperation in various fields, and this is no exception in agriculture. As the key developing sector for both China and Zambia, the two countries have made the following great achievements in agricultural cooperation under the framework of the Forum of China-Africa Cooperation (FOCAC) in recent years.

点评分析:汉语原文中未使用指示照应,通过意义自然完成了过渡。英译中加上了指示代词"this",用其回指"中赞两国保持良好合作",语义流畅自然地从概述两国合作的情况过渡到农业领域的合作。

例 5-5 所有地方政府都肩负着维护中国粮食安全的责任。那些依赖其他地区粮食的地方必须更好地稳定自身粮食产量。

参考译文:All local governments shoulder responsibility for safeguarding China's food security. Those localities that rely on grain from other areas must do better in keeping their grain output stable.

点评分析:此例中的汉语语篇未使用指示照应,而是通过"更"的词义完成衔接,英文语篇中则通过增加指示代词"those",起到了连接上下文的作用。

例 5-6 So reducing the water consumed by agriculture will depend not just on improving efficiency, but on rationalizing crop-planting. And that in turn will depend on demand and hence on changes in diet and even fashion.

参考译文:因此,减少农业用水,不仅要提高水资源利用率,还要让作物种植合理化。这取决于人们的需求,继而取决于饮食乃至饮食风尚的变化。

点评分析:指示代词"that"回指前句的内容"rationalizing crop-planting",英译汉时把"that"译为"这",这样处理就是根据汉语语义的需要,更贴切自然。

(3) 比较照应

比较照应是通过表示事物异同的形容词或副词以及比较级来实现的对照。对于不同事物的比较需要读者建立语篇上下文的联系。在科技英语语篇中,往往为了突出研究发现或结果,比较照应的使用比较多。这种衔接手段在翻译中一般相对容易,因为英汉比较大致相同,能找到相近的词汇。英文的比较级通常会翻译成"更""更加",但在具体语境中,还是要灵活应对。

例 5-7 Transgenic crops, with traits like drought-tolerance or the ability to use nitrogen more efficiently, are proposed as vital tools to enable farmers to adapt to a warmer, drier climate. UK-based PG Economics recently confirmed that genetical-modified (GM) crops had significantly reduced the release of greenhouse gas emissions from agricultural practices through less fuel use and additional soil carbon storage from reduced tillage associated with GM crops.

参考译文:转基因作物具有耐旱性或能更有效地利用氮,被认为是农民得以适应更温暖、更干燥气候的重要工具。总部位于英国的 PG Economics 最近证实,转基因作物显著减少了农业活动中温室气体的排放。这是因为与转基因作物相关的耕作更少,减少了燃料使用,增加了土壤碳储存。

点评分析:该例原文中有几处"比较"的使用,前三处"more efficiently""warmer""drier"均翻译成"更……",但最后一处"less"却没有译为"更少",而是翻译成"减少",同时把"additional"翻译成"增加"。这是考虑到汉语多用动态的表达,因此将这两处译为动词,形成对比,使得汉语行文更加通顺流畅。

例 5-8 Major improvements in the management of the carbon and nitrogen cycles in agriculture would be needed to achieve a reduction in emission intensities-or emissions unit of agricultural output-to counterbalance the tendency of the agriculture sectors to emit more as they produce more.

参考译文:农业的碳氮循环管理需要得到显著改善,以降低排放强度,即单位农业产出排放量,从而遏制农业排放量随着产量增加而增加的趋势。

点评分析:此例中有两处"more",与前半句形成比较照应,分别指更多的农业排放和更多的农业产出。如果在汉译时字字对照,则过于机械。我们根据汉语的表达习惯,将这两处代词"more"均做了动态处理,译为"农业排放量随着产量增加而增加",表达简洁扼要,逻辑清晰流畅。

2. 替代

替代是指用替代成分取代上下文中的某一成分。照应建立在意义层面上,而替代建立在词汇语法层面上,体现语言使用的经济性原则。替代分为名词性替代(one, ones, the same)、动词性替代(do, do so)和小句性替代(so, not)。一般来说,科技语篇的行文严谨,替代的使用较少。对比英汉两种语言,汉语替代现象出现的频率要低于英语,汉语通常会用原词复现的形式来达到语篇的衔接与连贯。

例 5-9 It is particularly difficult for smallholders to overcome barriers to adoption of new technologies and practices because of the challenges they face in accessing finance. The same applies to small and medium-sized enterprises that generate income for smallholders and rural jobs that allow for off-farm income diversification.

参考译文:由于小农在获取资金方面面临诸多挑战,想要克服应用新技术、新做法的障碍对他们而言尤为困难。中小企业可以创造农村就业,并给小农提供非农收入,但它们在融资方面也和小农面临相同的困境。

例 5-10 As agricultural production increases to meet demand, so too will its emissions.

参考译文:随着农业产量为了满足需求而不断提高,农业排放量也会增加。

点评分析:从这两例中可以看出,替代在英译汉中通常使用的两个基本策略是"替代对替代"或是"原词重复对替代"。前一例中"the same"译为"相同的",属于替代对替代,汉语中为了使意义更加明晰,进行增译,加上了"困境"一词;后一例中表小句性替代的"so"在汉译时采用了原词重复的做法,根据上下文意思可知替代了"increase",因而译为"增加",这样处理既连贯也更加通顺。

3. 省略

这里我们再讨论替代的一种特殊形式——零替代,即省略。

省略指的是对句子的某些成分不提,避免重复。读者或听者可以根据语境推理出省略的信息。省略使句子衔接更紧密,表达更简洁,传达信息更高效。英汉语篇中都有省略的情况,分别对应替代的三种形式,有名词性省略、动词性省略和分句省略。但汉语中经常省略的是主语,省略谓语的情况很少,且不太注重语法和逻辑。英语中则可以省略主语、谓语甚至是小句,且通常伴有形式或形态上的标记。

例 5-11 加强生态环境保护,促进可持续发展。巩固蓝天、碧水、净土保卫战成果。推动化肥农药减量增效和畜禽养殖废弃物资源化利用。持续推进生态保护修复重大工程,全面实施长江十年禁渔。

参考译文:We strengthened environmental protection and promoted sustainable development. We consolidated our gains in keeping the skies blue, waters clear, and land pollution-free. We encouraged farmers to use chemical fertilizer and pesticide more efficiently and promoted the recycling of livestock and poultry waste. We continued major projects to protect and restore ecosystems, and fully enforced the ten-year fishing ban on the Yangtze River.

点评分析:与英语重形合不同的是,汉语重意合。此例中汉语语篇中的每个句子都省略了主语。通过分析,不难发现句子的主语是泛指,因此在英译时为了合乎语法规范,增加了主语"we",达到了形合的效果。

例 5-12 From the perspective of agriculture, such an integrated approach needs to start from an understanding of the drivers of agricultural production and natural resource management choices, of their impacts on farmers' livelihoods and of the consequences for the environment.

参考译文:从农业的角度看,采取此类综合性方法首先要了解各种农业生产和自然资源管理做法背后的原因,了解这些做法对农民生计的影响和给环境带来的后果。

点评分析:此例中英文语篇可见名词性省略,省略了两处"understanding"。在汉译时第一处省略地方复现了原词,考虑到"of their impacts on farmers' livelihoods"和"of the consequences for the environment"这两个短语译文较短,因此,在汉译中将上述两个短语合并处理,仅保留了一处"understanding"的复现。

例 5-13 Some scientists fault observational research because people who regularly eat organic differ in so many ways from those who don't.

参考译文:一些科学家指责观察性的研究,因为经常吃有机食物的人与不吃有机食物的人在很多方面都不同。

点评分析:英语中的谓语省略在汉语中很少见,此例中原文仅保留了标记"don't",省略了"eat organic",英译汉时将省略部分复现,将句子的信息补充完整,使其更加符合汉语表达习惯。

4. 连接

语篇中的连接成分兼具语法衔接与词汇衔接的特征。通过连接成分,人们可以明确地知道句子和句子之间的逻辑关系。英语与汉语语篇中都有连接成分,通常位于句首,像纽带一样将前后句连接起来。但整体而言,英语语篇依赖于语法和词汇,连接成分更具显性特征,而汉语语篇则更依赖于语义和语序,连接成分更具隐性特征。

例 5-14　众所周知,赞比亚土地肥沃,可耕地面积 4320 万公顷,人均耕地达 3.23 公顷,是中国的 35 倍。日照充足,年平均日照时数达 2500 小时以上。水资源丰富,拥有南部非洲 25% 的地表水储量和 45% 的地下水资源。昼夜温差大,热带高原气候适合多种农作物生产。赞比亚拥有适合农业发展的优越自然条件,而中国拥有资金以及先进的农业技术和经验,两国在农业领域合作上的互补性很强。

参考译文:As we all know, Zambia has a fertile arable land of 43.2 million hectares, with 3.23 hectares per person, which is 35 times as many as that in China. Sunlight is so abundant in Zambia that the average duration of sunlight per year exceeds 2500 hours. Zambia is also rich in water resources, possessing 25% of the surface water and 45% of the underground water in Southern Africa. And furthermore, there is sharp contrast in temperature between day and night in Zambia, which is suitable for the growth of various kinds of crops. In a word, Zambia is endowed with favourable natural conditions for the development of agriculture. On the other hand, China has a cutting edge in capital, technology and experience. That means the two countries are highly complementary for agricultural cooperation.

点评分析:汉语原文多短句,通篇只有一处连接词"而",语篇的逻辑关系是通过语义传达的。在翻译过程中,我们通过增加连接成分揭示句子内部或句子之间的逻辑联系。通过改变句子结构,使用定语从句"which is…"和结果状语从句"so… that…";使用表示递进、转折、总结等的连接词"also, furthermore, on the other hand, in a word"等来使行文通顺流畅。

总体而言,英汉语篇中语法衔接的各成分既能串句成文,又能使行文更加通顺流畅。正确把握这些衔接手段,能帮助我们很好地理解原文意图,在翻译中减少失误,准确传达原文信息。但英汉两种语言语法系统的差异导致这些衔接手段出现的频率和方式不同。一般而言,农林科技语篇表述客观严谨。英文语篇的照应、替代、省略和连接成分的出现频率都要高于汉语语篇。英文多显性衔接,汉语倾向于隐性衔接。在汉译时通常会根据上下文通过复现原文信息或省略的方式处理,有时也会采取增译、变换词性等策略。这就要求我们翻译时在把握原文衔接手段的基础上,充分考虑目的语的衔接特点来重构译文,结合语境灵活处理,达到保证语篇衔接和连贯的目的。

5.1.2 词汇衔接

词汇衔接是语篇衔接的重要方式。与语法衔接不同,词汇衔接不受限于语法规则,而是依赖于词汇的意义,可以实现较长语篇而非相邻句子的衔接和连贯。通过复现关系(包括同词重复、同义词或近义词和上下义词)和同现关系(即搭配)来连接上下文语义的方式在英汉语篇中都有体现。

1. 复现关系

复现关系在汉语语篇中尤为常见。这是因为汉语是重意合的语言,过多地使用照应衔接,尤其是人称照应会使指代不清,而词汇重复可以避免意义模糊,既明确了语义,又在句子内部或句子之间起到了承接的作用。因此,英文中的照应衔接汉译时我们可以用词汇重复或是省略的方式处理。英文中的词汇衔接大多数情况下我们都可以直译处理,但有时仍然需要根据语境灵活处理。

例 5-15 As agricultural and forestry efficiency have improved over the past few decades, the GHG emission intensity of many products has declined. Between 1960 and 2000, global average intensities fell by an estimated 38 percent for milk, 50 percent for rice, 45 percent for pork, 76 percent for chicken meat and 57 percent for eggs. Much of the reduction in ruminant emission intensity has been due to reduced output of methane for a given amount of milk and meat.

参考译文:随着过去几十年间农业和林业效率的提高,许多产品的温室气体排放强度有所下降。1960—2000年,牛奶的气体排放强度下降了约38%,稻米下降了50%,猪肉下降了45%,鸡肉下降了76%,禽蛋下降了57%。反刍动物排放强度的下降主要是由于单位数量奶类和肉类的甲烷排放量降低。

点评分析:这段话中出现了两种词汇衔接方式,一是同词重复,二是同义词或近义词重复。"emission"一词在第一句和第三句中重复使用,使前后呼应,行文连贯。"decline"、"fall"和"reduction"是同义词,这三个词使这段里的三句话通顺连贯,一气呵成,都指向同一个主题,即气体排放强度的下降。同时,英文语篇中常用这类同义词衔接,使表达多样化,但汉语表达却习惯于使用同一词汇,突出重要信息,因而在汉语译文中这三个词均译为"下降"。

例 5-16 The majority—about 75 percent—of veterinarians are engaged in private clinical practice, increasingly in partnerships or group practices. Private practitioners may treat a variety of large and/or small animals, or may focus on a single species. Specialization in a single discipline, such as surgery or theriogenology is also possible.

参考译文:大多数兽医——大约占75%——开私人诊所,且合伙开业行医者日益增多。私人兽医可以治疗许多大动物或小动物,也可以是主诊某类动物,还可能从事某一领域的专项医疗,如外科或兽医产科。

点评分析:原文中"veterinarians"与"private practitioners","private clinical practice"与"partnerships or group practices","animals"与"a single species"都有语义关系,或原词重复,或形成上下义关系。在翻译中,为了使译文更加符合目的语规则,行文更加流畅,并没有完全和英文对等。如"private practitioners"译为"私人兽医","a single species"译为"某类动物",分别与上文的"veterinarians"和"animals"形成了上下义关系,明确了语义。

2. 同现关系

同现关系是词汇同时出现在语篇中的倾向性。在语篇中,围绕某一个话题,一些词往往会同时出现,而另一些词出现的可能性就很小或者根本不会出现。这种同现关系并不仅仅局限于传统意义上的词组或是句内词与词横向的组合搭配,而是超越句子,甚至超越段落,在同一语境下习惯性同时出现的词汇之间的纵向关系,比如反义关系、互补关系、整体与局部的关系等。这种搭配词汇构成的横向词汇链和语境共现词汇构成的纵向词汇链使得语篇成为连贯的整体。

例 5-17 Photosynthesis can be broken down into the following sequential events: ① trapping of light energy by chloroplasts; ② pigments other than chlorophyll (e.g., carotenoids) play an accessory role in photosynthesis by transferring energy to chlorophyll a; ② splitting of water and release of high-energy electrons and O_2; ③ electron transfer leading to generation of chemical energy in the form of ATP and reducing power as $NADPH_2$; and ④ terminal steps involving expenditure of energy of ATP and the reducing power of NADPH to fix CO_2 molecules in phosphoglyceric acid and reduce it to phosphoglyceraldehyde, and finally convert this compound into more complex carbohydrates, such as sucrose, starch, cellulose and hemicellulose.

参考译文:光合作用可被分解为以下有序的几个过程:① 叶绿体捕获光能,除叶绿素外还有其他色素(如胡萝卜素)在光合作用中起传递光能给叶绿素a的辅助作用。② 水的裂解及高能电子和氧气的释放。③ 电子转移产生导致以ATP形式存在的化学能和有还原力的NADPH。④ 最后一些步骤包括消耗ATP和还原$NADPH_2$,把二氧化碳分子固定在磷酸甘油酸中,并进而把磷酸甘油酸还原成磷酸甘油醛,最终把磷酸甘油醛转化成更复杂的碳水化合物,如蔗糖、淀粉、纤维素和半纤维素。

点评分析:此例的主题关于光合作用的过程。围绕这一主题,各种专业科技词汇同时出现在这一语境中,构成了词汇链。比如"sequential events"和"trapping of light""splitting of water""release of electrons and O_2"等在一定程度上构成整体和部分的同现关系,这是同现关系的典型形式之一。根据植物学相关知识,捕获光能、水的裂解、电子和氧气的释放都是属于光合作用过程中的步骤,因而可以将"sequential events"译为"有序的过程"。从该例中"pigments other than chlorophyll"可知,"carotenoids"与"chlorophyll"也构成共同下义词关系,同为"pigment"的下义词。同时,词汇同现使某些词项有了特定的含义,在语篇理解和翻译时需要特别注意。如此例中"reduce"和"expenditure"在这一语篇中,已然不是通常"减少"和"消费"的含义了,需分别译为"还原"和"消耗"才能与其他词语搭配,与整体语境契合。

与复现关系不同,同现关系的词汇在意义上不一定必然的联系,它聚焦的是词汇同时出现的倾向性。在农林科技语篇的理解和翻译中,我们需要把握这种词汇关系,利用专业知识,准确地判断和理解整个语篇。

综上所述,衔接手段的运用能使句子与句子连接紧密,语篇连贯通顺。掌握英汉语篇的衔接方式有助于我们对语篇的正确理解。在农林科技语篇中,英文语篇使用语法衔接的方式明显多于汉语语篇,尤其是照应衔接和连接衔接,汉语语篇更倾向于使用词汇衔接,尤其是词汇复现。这给我们翻译的启示是衔接不能够一一对应地翻译,需要根据具体的情况进行调整,如将英文的语法衔接转化为汉语的词汇衔接等。

5.2 主位推进模式与语篇解读

语篇的生成和解读在翻译过程中起着重要作用。我们除了可以从语言的微观层面,即语法衔接和词汇衔接研究英汉两种语言的差异,还可以从语篇的信息流模式结构进行探究。因此,在这里有必要引入主位推进模式的概念。主位是信息的出发点,通常位于句首,是已知的信息。其余的句子成分是述位,述位是对主位的阐释说明,是新的未知信息。主位和述位在孤立的句子中是静态的。但从整体语篇来看,主位和述位会以某种模式有序地出现,已知信息引发新信息,新的信息又不断地成为已知信息,并以此为出发点,再触发另一个新信息,这种新旧信息按信息价值的等级动态推进,形成的信息流不断发展,推动语义内容的有序表达,就是主位推进模式。

分析语篇的主位推进模式有助于了解信息的来龙去脉,挖掘语篇的组织结构,理解作者或说话者的交际意图,这些都是翻译必不可少的环节。因此,主位推进模式为翻译提供了另一个参照标准。好的译文不仅是语义上的衔接流畅,还应该尽量重现源语的主位推进模式,从而保证原文信息忠实流畅地传达,而不会扭曲或破坏其交际意图的传递。

5.2.1 农林科技语篇中的主位推进模式

英汉语篇存在很多相似的主位推进模式。功能语言学家朱永生提出来四种主位推进模式,分别是主位同一型、述位同一型、延续型和交叉型。农林科技语篇中最常见的是主位同一型和延续型,述位同一型和交叉型出现的频率相对较低。

1. 主位同一型

主位同一型又称平行型或是放射型,即语篇各句的主位相同,述位不同,从不同的角度阐释主位。其模式可以表达为:

$T_1 \rightarrow R_1$

$T_2(=T_1) \rightarrow R_2$

……

$T_n(=T_1) \rightarrow R_n$

例 5-18 Low-carbon agriculture as an important part of low-carbon economy refers to low energy consumption, low pollution and low emissions, the so-called "three lows" of agriculture. It makes sure the least greenhouse gases can be emitted by agricultural input, production and operation as well as producing the maximum social benefits. Its core concept is efficient and safe agriculture. It can link agriculture, industry and services.

参考译文:低碳农业作为低碳经济的重要组成部分,是指低能耗、低污染、低排放的所谓"三低"农业。低碳农业确保农业投入、生产和经营过程中排放最少的温室气体,并产生最大的社会效益。其核心理念是高效安全的农业。低碳农业可以连接农业、工业和服务业。

点评分析:这是由四个句子构成的典型的主位同一型的语篇。这四个句子的主位都是"low-carbon agriculture"(it, its core concept),述位分别从低碳农业的定义、特点、核心理念和作用等方面阐述低碳农业的特征。英汉两种语篇都有主位同一的模式,因此,在翻译时保持原文的主位推进模式不是难事。值得注意的是,英文中的人称照应使用频率比汉语要高,在汉译时代词可以通过名词重复或零照应处理,具体可以参照本章5.1.1第1部分。

2. 延续型

延续型又称梯形,即前一句的述位或述位的一部分是后一句的主位。已知的信息引入未知信息,未知信息变为已知信息后又进一步地引入新的信息,这样环环相扣,步步推进,逐步完善语篇的意义结构。其模式可以表达为:

$T_1 \rightarrow R_1$

$T_2 (= R_1) \rightarrow R_2$

……

$T_n (= R_{n-1}) \rightarrow R_n$

例 5-19　The energy stored in the biofuels must be extracted somehow. Extraction of energy from the biofuels typically is done via combustion. Combustion is the reaction of a fuel with oxygen which results in the release of energy.

参考译文:储存在生物燃料中的能量必须以某种方式提取出来。从生物燃料中提取能量通常通过燃烧完成。燃烧是燃料与氧气的反应,从而释放能量。

点评分析:这三个句子组成的语篇采用了延续型的主位推进模式。前一句的述位是后一句的主位,信息流层层推进,渐渐展开,将前文阐述的能量的储存过渡到能量的提取环节,这样的模式推进逻辑清晰,自然流畅,在农林科技语篇中比较常见。

延续型主位推进模式中还存在一种较特殊的形式,即分裂式延续型推进模式。这种模式在第一层的述位中由两个以上的部分组成。在第二层中这些述位各自成为新的主位,分别展开叙述。这种推进模式在科技语篇中分类说明事物或过程中经常使用。

例 5-20　There are two main types of plants: flowering plants and non-flowering plants. Flowering plants have roots, stems, leaves, flowers and fruits. Non-flowering plants do not grow flowers.

参考译文:植物的主要类型有两种:有花植物和无花植物。有花植物有根、茎、叶、花和果实。无花植物不长花。

点评分析:此例中将植物分成两种,有花植物和无花植物,然后又分别说明两者的区别。

3. 交叉型

交叉型主位推进模式是指前一句的主位是后一句的述位,后一句的主位又成为下一句的述位,以此类推,已知信息与未知信息相互关联,相互交织,成锁扣状。英文中尤其是英文科技语篇中,这种主位推进模式出现的频率较低。其模式可以表达为:

$T_1 \rightarrow R_1$

$T_2 \rightarrow R_2 (= T_1)$

......

$T_n \rightarrow R_n (= T_{n-1})$

例 5-21 Baudry's observational studies have found the lowest rates of breast and other cancers and type 2 diabetes in people who eat the most organic foods. Some scientists fault observational research because people who regularly eat organic differ in so many ways from those who don't.

参考译文:波德里的观察性研究发现,食用最多有机食物的人患乳腺癌和其他癌症以及 2 型糖尿病的概率最低。一些科学家指责观察性研究,因为经常吃有机食物的人与不吃有机食物的人在很多方面都不同。

点评分析:此例中第一句的主位"observational studies"是第二句的述位"observational research"。这种信息交叉推进的模式显得较曲折,英语使用者不太习惯此类表达,汉语中出现得较多。因此,如碰到英语语篇的这种主位推进模式,汉译时就可以直接套用了。

4. 述位同一型

述位同一型又称集中型,即语篇中的各句主位不同,述位相同。这种模式结构比较单一,信息分布比较独特,与通常的主述位信息分布不同。在这种推进模式中,主位是新信息,述位是已知信息。其模式可以表达为:

$T_1 \rightarrow R_1$

$T_2 \rightarrow R_2 (= R_1)$

......

$T_n \rightarrow R_n (= R_1)$

例 5-22 In this study, the synthetic approach and classification of superabsorbent polymer (SAP) were introduced, and its development history and current situation were described. In addition, the water absorption principle of SAP and its application mechanism soil properties and water conservation, plant growth, fertilizer and pesticide efficient utilization were explored.

参考译文:本文介绍了高吸水性保水剂(SAP)的合成途径及分类,阐述了 SAP 的发展历史与现状,探讨了 SAP 的吸水原理以及对土壤性质与水分保持、植物生长、肥料和农药高效利用的作用效应机理。

点评分析:这段语篇来自于学术论文的摘要,为了彰显论文的客观性,该语篇从"in this study"为信息出发点,在主位中压缩了大量的新信息,来传递论文的研究内容,述位"were introduced""were described""were explored"的结构和意义基本相同,作为已知信息出现在语篇中。

当然，一段语篇中一般不会只运用一种主位推进模式，而是会出现多种主位推进模式混合或交叉使用的情况。这是根据语篇信息展开和逻辑表达而选择的，可以满足语篇的衔接和连贯。

例 5-23　耕作土壤的首要原因就是为了除掉杂草。杂草也可以通过化学药品除掉，比如除草剂。除草剂有两种基本类型：有选择性和无选择性。前者可以从特定农作物中除掉特定的杂草，比如水稻可以喷洒浓度极低的除草剂 2,4-D。水稻不会受影响，但是水稻中的许多杂草就会被去除。无选择性的除草剂可以被用来除去所有植物，这种除草剂要慎重使用，因为它可能把包括农作物在内的所有植物除掉。这种除草剂通常是在播种前或作物本身出现危机时使用。

参考译文：The principal reason for cultivating the soil is to kill weeds. Weeds may also be killed by means of chemicals which have the collective name of herbicides. Weed-killers are of two basic types: selective and non-selective. The former remove certain weeds from certain crops. For rice, we can spray the herbicide 2,4-D over the whole crop at low concentration. The rice will not be affected, but many of the rice weeds will be killed. Non-selective weedkillers may be used for removing all vegetation. They must be used extremely carefully for the simple reason that they will eradicate all plants on contact which include the crop itself. They are usually used before sowing or before the emergence of the crop itself.

点评分析：本段话前三句采用了延续型的主位推进模式，从耕作土壤推进到化学药品，再到除草剂。第三句陈述了除草剂有两种类型，主位是除草剂，述位有两个部分：有选择性（除草剂）和无选择性（除草剂）。之后从这两个角度分别介绍这两种除草剂，这一部分采用了分裂式延续型推进模式。最后，分别介绍两种除草剂时，又主要选择了主位同一型推进模式，分别介绍了两种除草剂的用途和注意事项。这一例子印证了前文所述，农林科技语篇重在信息的传达和内容的阐释，主位同一型和延续型的主位推进模式可以从不同的角度阐释和说明信息，因此在农林科技语篇中使用较多。

5.2.2　英汉语篇主位推进模式的异同及翻译策略

英汉语篇的主位推进模式有相似之处，因而在翻译时有时可以根据原文的主位推进模式再现语篇中的信息结构，这也是衡量译文质量的一个标准。如果仅仅从词汇和语法的层面来考虑如何翻译原文，就"只见树木，不见森林"了，容易忽视甚至扭曲作者的谋篇布局和写作意图。所以，在农林语篇翻译中所遵循的一个宗旨就是尽量保留原文的主位推进模式。但在翻译实践中,我们发现破坏原语篇主位推进模式的情况仍然时有发生。

例 5-24　Seed consists of a plant embryo and stored food materials surrounded by a seed coat. Seeds may vary greatly in all external characters and also in the internal structure. Seeds of the cereals and grass forages consist of the embryo, or germ, the endosperm, and the pericarp. Seeds of the legumes contain no endosperm, the bulk of the seed being made up of the two cotyledons. In these seeds the cotyledons constitute the food storage portion. The embryo of legume seed is found between and at one edge of the two cotyledons.

原参照译文:种子由植物胚和被种皮包围的储存食物组成。在所有的外部性状和内部结构上,种子可能差异很大。胚或胚、胚乳和果皮组成了谷类和牧草的种子。豆科植物的种子不含胚乳,大部分种子由两个子叶组成。在这些种子中,子叶构成了食物储存部分。豆科植物种子的胚可在两个子叶之间和一个子叶边缘找到。

点评分析:原语篇是通过主位同一型模式推进信息的,阐述了种子的构成。译文中第二句将句序调整,原主位改成了述位,尚可以接受。第三句又做了同样的处理,读起来就觉得突兀,从第四句开始又回到主题,将种子作为主位。译文基本传递了原文信息,但由于破坏了原文的语篇模式,缺失了原文的内在逻辑,让人摸不清表达的重点了。

改译:种子是由种皮包被的种胚和贮藏的养料组成的。种子在外部形态和内部结构上是千差万别的。谷类和禾本科饲用作物的种子是由胚即胚原基、胚乳和种皮组成的。豆科植物种子不含胚乳,大部分是由两片子叶组成的。在这些种子中,子叶是养料贮藏部位。豆科植物种子的胚在两片子叶交接处。

当然,英汉两种语言在句法结构、谋篇布局上都存在诸多不同,在主位推进模式上也是如此。英语的主位大多是句子的主语,语篇的信息是依托主语组织起来并层层展开的。这点体现在农林科技英语语篇中的长难句多,语法较复杂。汉语中的主位则多是语篇的话题,其他的成分都是围绕这个话题进行评述,汉语多短句、小句。英语以形显义,重形合,依靠主位和述位的层层推进来达到句子间的语义衔接和连贯,主位推进模式较明显;汉语以义统形,重意合,依靠语义来实现连贯,主位推进模式较模糊。正因为两种语言在信息组织方面的不同,有时我们需要在译文中经过调整保留主位推进模式,有时需要重构主位推进模式。在英译汉时,我们不能一味地追求保留原文的主位推进模式,而牺牲语义;在汉译英时,也不能完全按照汉语的主位、述位推进信息,否则就会导致译文的结构松散、信息混乱。

例 5-25　The diameter of individual roots varies widely both within and between species. In many taxonomic groups of plants, especially grasses, rushes, and sedges, root systems have very fine terminal branches (less than 100 μm diameter). These species seem to have roots approaching an effective minimum diameter, determined by the need for a central stele and surrounding tissues (endodermis, cortex, epidermis), to provide transport to and from the root tip and the absorbing cells. At the other extreme, families such as Alliaceae and Magnoliaceae, although remote from each other both taxonomically and ecologically, have typically very coarse terminal roots, often around 0.5 mm to 1.0 mm in diameter, and many trees approach such figures.

参考译文：单个根的直径无论在种内还是种间变化差异都很大。在植物的许多分类类群中（尤其是禾本科植物、灯芯草科植物、莎草科植物），根系有很细的终端分枝（直径小于100微米）。这些物种似乎都有达到最小有效直径的根系，这（根系的直径）由中柱和周围组织（如内皮层、皮层和表皮）的需要来决定这些细根起到根尖和吸收细胞间的运输作用。在另一个极端，如葱科和木兰科，科与科之间虽然在分类上和生态上彼此关联甚远，但它们都具有典型的很粗的终端根，直径通常在0.5～1.0毫米，许多树种达到了这个数值。

点评分析：该段话交叉使用了交叉型和主位同一型的主位推进模式，阐述了植物的根系直径上的特征。第三句中述位含有一个较长的过去分词短语作后置定语，在汉译时显然需要调整分割，单独成句，并需要增词使前后句连贯，增加了延续型主位推进模式。最后一句话中，主位后有一个插入成分，该让步状语从句将主位和述位分割开，在汉译时形成障碍。如果在翻译时将这部分前置，会打破原语篇的信息模式。通过增译，重现原语篇的省略成分，即"科与科之间"，并相应地增加照应"它们"，尽可能地保留了原文的主位推进模式，重现了原语篇的语义和信息连贯。

总之，在农林科技语篇翻译中，我们需要培养整体性的思维方式，注重语篇的组织方式和信息传递。一般来说，如果原文使用了比较单一的主位推进模式，如主位同一推进模式或是延续性推进模式，我们通常会按照原文的信息模式忠实地传递信息，保留原文的模式；但如果原语篇交叉使用了多种主位推进模式，情况比较复杂，则通过调整尽可能地保留，在难以达成时，充分尊重英汉两种语言的差别，重构语篇的主位推进模式，以求语篇连贯，信息清晰完整。

5.3 语篇解读与翻译

5.3.1 农业政策与报告类

例5-26 ① 耕地保护是一个系统工程,要突出把握好量质并重、严格执法、系统推进、永续利用等重大要求,进一步采取过硬实招。② 要压实耕地保护责任,落实新一轮国土空间规划明确的耕地和永久基本农田保护任务,确保18亿亩耕地红线决不突破。③ 要全力提升耕地质量,真正把耕地特别是永久基本农田建成适宜耕作、旱涝保收、高产稳产的现代化良田。④ 要改革完善耕地占补平衡制度,将各类对耕地的占用统一纳入占补平衡管理,坚持"以补定占",健全补充耕地质量验收制度。⑤ 要调动农民和地方政府保护耕地、种粮抓粮积极性,建立种粮农民收益保障机制,发展多种形式的适度规模经营,建立粮食主产区利益补偿机制,形成粮食主产区、主销区、产销平衡区耕地保护合力。⑥ 加强撂荒地治理,摸清底数,分类推进,因地制宜地把撂荒地种好用好。⑦ 要积极开发各类非传统耕地资源,加强科技研发和生产投资,探索有效发展模式,突破我国传统耕地稀缺的自然条件限制。⑧ 对违规占用耕地进行整改复耕要实事求是,尊重规律,保护农民利益,加强宣传解读,适当留出过渡期,循序渐进推动。

参考译文:① Farmland protection is a systematic project, which makes it necessary to highlight the major requirements such as attaching equal importance to quantity and quality, strict law enforcement, systematic promotion and sustainable utilization. Solid measures need to be adopted in this regard. ② It is imperative to make sure that the responsibility is fulfilled for protecting farmland, implement a new round of tasks for protecting farmland and permanent basic cropland, as specified in the national land space planning, and make sure not to breach the red line of 1.8 billion mu (about 120 million hectares) of farmland. ③ It is necessary to make every effort to improve the quality of farmland and truly turn farmland, especially permanent basic cropland, into modern, fertile land that is suitable for farming and capable of producing high and stable yields despite droughts or floods. ④ It is imperative to reform and improve the system for offsetting cultivated land used for other purposes. All farmland used for other purposes must be placed under the system's management in a unified way. The principle must be upheld that the farmland occupied for other purposes must be offset equally with the newly opened-up farmland. The mechanism should be perfected for checking whether the quality of the newly-developed farmland to offset the occupied farmland for other purposes is up to the required standard. ⑤ It is imperative to motivate farmers and local governments to protect cropland, and grow and manage well crops for high yields, establish the mechanism for ensuring the incomes of grain growers, develop appropriately different forms of scaled agricultural operations, and establish the mechanism for compensating major grain-producing areas, so as to form a synergy among major grain-producing areas, major grain sales areas and areas where agricultural production and sales are balanced to protect cropland. ⑥ It is important to strengthen the efforts to manage idle land, and take stock of such land resources before farming or putting such land to other use as the case may be. ⑦ We should proactively develop all kinds of non-traditional farmland resources, strengthen sci-tech research, production and investment in this regard, and explore effective development modes so as to overcome the constraints of the lack of traditional farmland in our country. ⑧ As far as turning the farmland illegally occupied for other purposes back to farmland is concerned, what can be done must be realistic, and specific circumstances must be taken into consideration to protect the interests of the farmers concerned. Publicity and interpretation of related policies must be strengthened. An appropriate transitional period should be set aside to push forward the process step by step.

点评分析：该段落出自习近平总书记2023年7月20日主持召开的中央财经委员会第二次会议内容。本段语言结构流散，语法富有弹性，却包含严谨的逻辑结构，注重意合，注重功能和意义，几乎没有使用显性的连接手段。在英译时，要注意厘清句与句之间的内在逻辑，确定句子的结构和形式，采取恰当的翻译策略，达到语篇连贯。第一句提出耕地保护这一表达主题，后面使用了多个省略主语的句子，翻译时需调整补全句子结构，强调切实加强耕地保护，全力提升耕地质量，稳步拓展农业生产空间。

①的前半句给出本段的主题,是下文中具体做法的依据。前半句和后半句存在隐性的因果关系,英译时将后半句转成定语从句进行衔接。后半句中列举了四项重大要求,通过增添人称代词"it"与之照应。最后一个分句与前一分句关系并不十分密切,因而切割独立成句,且该部分省略了主语,将其转为被动语态比较合适。

②继续提出耕地保护的具体要求,使用了"压实""落实""确保"等动词构成了连动句。由于这三个分句均省略了主语,考虑到会议精神的传达应正式严谨,我们增译了"it is imperative",三个分句顺译即可。同时,在翻译"亩"时,加注国际上通用的单位"公顷",以便目标读者能够准确理解。

③同②一样,调整了结构。需要注意的是,原文中三个并列的前置定语"适宜耕作""旱涝保收""高产稳产"在转换成定语从句时,根据语义调整了语序,即"保收"和"高产稳产"有语义上的重复,可以省略不译,而"旱涝"则是不利的条件,可以增加连接成分"despite"来揭示这层隐性的逻辑关系。

④中耕地占补平衡制度是指《中华人民共和国土地管理法》规定的国家实行占用耕地补偿制度,非农建设经批准占用耕地要按照"占多少,补多少"的原则,补充数量和质量相当的耕地。相应地,"以补定占"即有多少补充耕地指标储备,安排规划多少占用耕地指标。这些政策概念需要进行解释性翻译。因此,该句的四个分句独立成句,进行增译。

⑤中有多个分句,厘清各分句之间的关系是翻译该句的关键。经分析,最后一个分句是前面几个分句的目的,即建立有关种粮、销售、补偿等机制是为了形成耕地保护的合力,因此补充连接成分"so as to"。

⑥强调要合理治理撂荒地。汉语表达善用省略和重复来达到语义连贯,这点在该句均有体现。"摸清底数"指的是摸清撂荒地的底数,此处用了省略;后半句"因地制宜地把撂荒地种好"重复了"撂荒地"。英译时,可以使用照应来使上下文连贯,原文的这两处都通过增加"such"来照应。

⑦与上文句子不同,在句子结构上增加了泛指的"we",补充了省略的主语。值得注意的是,第二个分句"加强科技研发和生产投资"针对的是第一分句提及的"各类非传统耕地资源",这层隐藏的语义关系需要解读出来,才能在译文中做到语义上的忠实原文,因而增加了照应"in this regard"。此外,同⑤一样,最后一个分句是前面各种做法的目的,因而补充了"so as to"连接前文。

⑧的第一个分句的话题处理为"as far as... is concerned",后面的一系列连动成分需转换结构,"尊重规律"转换成被动语态,"保护农民利益"和"循序渐进推动"根据语义转成不定式短语作目的状语。

例 5-27　① This report examines the challenge of building more resilient agrifood systems. ② Drawing on the *UN Common Guidance on Helping Build Resilient Societies*, it defines agrifood systems' resilience as "the capacity over time of agrifood systems, in the face of any disruption, to sustainably ensure availability of and access to sufficient, safe and nutritious food for all, and sustain the livelihoods of agrifood systems' actors". ③ Whether traditional, modern or transitioning between the two, agrifood systems have three main components:（ⅰ）primary production;（ⅱ）food distribution, linking production to consumption through food supply chains and transport networks; and（ⅲ）household consumption, including intra-household food distribution. ④ Key actors are: primary producers; those providing input supply, post-harvest, storage, transport and food processing services; food distributors, wholesalers and retailers; and households and individuals as final consumers. ⑤ Truly resilient agrifood systems must have a robust capacity to prevent, anticipate, absorb, adapt and transform in the face of any disruption, with the functional goal of ensuring food security and nutrition for all and decent livelihoods and incomes for agrifood systems' actors. ⑥ Such resilience addresses all dimensions of food security, but focuses specifically on stability of access and sustainability, which ensure food security in both the short and the long term. ⑦ Another dimension of food security-agency-is deeply connected to human rights, including the right to food, and underscores the need for inclusiveness in systems.

参考译文:① 本报告探讨了在建设更有韧性的农业粮食体系方面的挑战。② 本报告借鉴了《联合国帮助建设韧性社会共同指导》,将农业粮食体系韧性定义为"农业粮食体系抗御任何破坏性因素,长期可持续地确保人人可获和易获充足、安全和营养的食物,并维系农业粮食体系参与者生计的能力"。③ 无论是传统型、现代型还是在二者之间过渡的农业粮食体系,都由三大要素构成:（ⅰ）初级生产;（ⅱ）粮食配送,通过粮食供应链和运输网,实现生产与消费对接;（ⅲ）家庭消费,包括家庭食物分配。④ 主要参与者包括:初级生产者;投入品供应、采后、贮藏、运输和食品加工服务提供商;食品经销商、批发商和零售商;最终家庭和个人消费者。⑤ 真正具有韧性的农业粮食体系必须具备扎实的预防、预判、消化、适应和转型能力,抗御任何破坏性因素,在功能上力求确保人人享有粮食安全和营养,保证农业粮食体系参与者获得体面生计和收入。⑥ 这种韧性涵盖了粮食安全的所有维度,但侧重于获取稳定性和可持续性,这是短期和长期粮食安全的保障。⑦ 粮食安全的另一个维度是能动性,与食物权等人权有着深刻联系,强调体系要有包容性。

点评分析:这段语篇选自粮食和农业组织（FAO）发布的报告——《2021 年粮

食与农业状况》,主题是提高农业粮食体系韧性,应对冲击和压力。该段落先从报告的内容出发,给农业粮食体系下了定义,然后解释了粮食体系的主要构成和参与者,最后阐明了具有韧性的农业粮食体系的特征和本质。整个段落语言朴实无华,用词精准,长句较多,较多使用照应等连接手段凸显句与句之间的逻辑关系,在翻译时要灵活处理。

①给出了报告的内容,顺译即可。

②在翻译时,改为主位同一的主位推进模式,进一步解释报告的内容。原文的人称照应"it"在汉译时省略了,符合汉语的表达习惯。原文在农业粮食体系韧性的定义中使用了介词短语"in the face of any disruption"和名词性短语"availability of and access to…",汉译时可以通过动词化处理,使译文通顺流畅。

③中"the two"后省略了"agrifood systems",由于是段首第一次出现翻译时需补充该信息,相应地,原句的主语是同一信息,可以省略。

④中用了指示照应"those",翻译时需要根据上下文信息补充完整,由于下文涉及"经销商、批发商和零售商",此处"those"可译为"提供商"。

⑤的句子较长,主句的宾语由不定式短语和介词短语限定,直译的话定语过长,因此可将介词短语动词化;句子后半部分是一个较长的介词短语"with the functional goal of…",为了使句子通顺流畅,亦可进行动词化处理,译为"在功能上力求……",同时,"ensure"后接两个并列的宾语,由于针对的对象不同,可考虑分别翻译,使用同义词"确保"和"保证",体现复现关系。

⑥使用了比较照应"such",指代前文的"农业粮食体系",避免了信息重复,中文也有此类的照应,直接译为"这种"即可。由于该句较长,句中的非限制性定语从句可以分割出来,增添衔接词"这",使语篇连贯。

⑦中主语较长,且含有同位语,可以先将该主语译为一个判断句"……是……",再将后面的部分用连动句的形式呈现。为了保证句子的流畅性,"including the right to food"可以在译文中通过举例的形式呈现,译为"食物权等……"。

5.3.2 农林科普类

例5-28 ① 中国科学院南京土壤研究所近日称,中、美、德等多国学者提出一条农业减碳技术路线,我国粮食生产有望实现碳中和。② 根据研究模型测算,2018年我国生产三种主粮作物(大米、小麦和玉米)产生的碳排放总量可能达到6.7亿吨二氧化碳当量。③ 研究小组利用我国的数据完成了一项综合生命周期评估,结果表明,将生物质热解和发电系统相结合,再加上常用的甲烷和氮肥优化管理,可以帮助将主要作物的年生命周期温室气体排放量从现在的666.5太克二氧化碳当量减少到-37.9太克。④ 领导此项研究的中国科学院南京土壤研究所研究员颜晓元介绍说:"这一新的技术路径可以在不损失产量的前提下帮助实现粮食生产碳中和,同时减少大气污染排放,提高化肥资源的利用率,将环境和经济效益提高30%以上。"⑤ 这项研究由中国科学院南京土壤研究所、中国农业大学、清华大学、康奈尔大学等多家权威研究单位共同完成。⑥ 相关成果于2月9日刊发在知名学术刊物《自然·食品》网络版上。

参考译文:① Chinese scientists, in collaboration with researchers from the United States and Germany, have proposed an agricultural carbon reduction solution that could help China achieve carbon neutrality in its food production, according to the Institute of Soil Science under the Chinese Academy of Sciences (CAS). ② According to the research model evaluation, the total carbon emissions from the production of China's staple crops, including rice, wheat and corn, could have neared 670 million teragrams of CO_2-equivalent in 2018. ③ The research team completed a comprehensive life-cycle assessment using data from China, which showed that an integrated biomass pyrolysis and electricity generation system coupled with commonly applied methane and nitrogen mitigation measures can help reduce staple crops' annual life-cycle greenhouse gas emissions from 666.5 now to minus 37.9 teragrams of CO_2-equivalent. ④ "This new path can help achieve carbon neutrality in grain production without sacrificing grain output. It can also reduce atmospheric pollution emissions, increase the utilization rate of fertilizer resources, and increase both environmental and economic benefits by more than 30 percent," said Yan Xiaoyuan, the lead scientist from the CAS Institute of Soil Science. ⑤ The study was led by the CAS Institute of Soil Science in partnership with several other research institutes, including the China Agricultural University, Tsinghua University, and Cornell University. ⑥ The research findings were published online in *Nature Food* on Feb 9.

点评分析:该短文出自《中国日报》新闻,是一篇关于农业减碳科技最新成果的科普短文。该新闻在信息流上主要使用了主位同一的主位推进模式,从不同角度阐明该项研究的模型测算、研究结果、研究意义、研究单位等。翻译时尽量保留原文的语篇模式。从句式结构上看,原文的句式较完整,直接顺译即可。但部分句子较长,分句间的逻辑关系比较隐蔽,在翻译时需要分割或是增加必要的衔接成分实现语篇连贯。新闻中包含一些农林专业词汇,翻译时要注意查阅资料,做到准确无误。

①翻译时可根据英文表达习惯将"中国科学院南京土壤研究所近日称"置后,该研究是中国科学院主导的,可以突出中国学者,用短语"in collaboration with"将美、德学者转化成并列主语。同时,翻译时要注意考虑译文的受众,将原文中的"我国"转译成"China"。

②中"生产三种主粮作物"是动宾结构,可以用转换性翻译策略调整为名词词组;英文句子的时间状语通常置后,将"2018年"调整到句子末尾。

③是一个长句。"结果表明"指的是研究结果,可以将之后的部分调整为非限制性定语从句,增强两个分句的关系。该句中含有多个专业名词,如"生物质热解"等要根据上下文精准翻译,比如"甲烷和氮肥优化管理"中的"优化管理"结合语境指的是减少、缓和甲烷和氮肥的措施,因此翻译为"mitigation measures"。

④的重点是说话的内容,即这项研究技术带来的影响和改变,将说话人置后符合英文表达习惯。中文原文中用了"这一新的技术路径"来衔接上文提到的研究,英文中用指示照应"this new path"来对应。这项技术带来了诸多利好,但最主要的是实现了粮食生产碳中和。翻译时可以将其他的变化与主要变化分割开,独立成句。

⑤中提到多个研究单位,这里仍然突出主要贡献的单位,即中国科学院南京土壤研究所,用"in partnership with"与其他研究单位并列。

⑥中相关成果指的是研究成果,因此在英译时重现该信息,同②一样,将时间状语"2月9日"翻译时置后。

例5-29 ① Insect numbers have plunged by half in some parts of the world due to climate change and intensive agriculture, a study has found. ② The combined pressures of global heating and farming are driving a "substantial decline" of insects across the globe, according to UK researchers. ③ They say we must acknowledge the threats we pose to insects, before some species are lost forever. ④ But preserving habitat for nature could help ensure vital insects thrive. ⑤ Lead researcher, Dr Charlie Outhwaite of UCL, said losing insect populations could be harmful not only to the natural environment, but to "human health and food security, particularly with losses of pollinators". ⑥ "Our findings highlight the urgency of actions to preserve natural habitats, slow the expansion of high-intensity agriculture, and cut emissions to mitigate climate change," she added. ⑦ Plummeting populations of insects around the world—a so-called "insect apocalypse"—have caused widespread concern. ⑧ However, scientific data gives a mixed picture, with some types of insects showing drastic declines, while others are staying steady. ⑨ In the latest study, the researchers pulled together data on the range and number of nearly 20000 insect species, including bees, ants, butterflies, grasshoppers and dragonflies, at about 6000 different locations. ⑩ In areas with high-intensity agriculture and substantial warming, insect numbers have plunged by 49% and the number of different species by 27%, compared with relatively untouched places that have so far avoided the most severe impacts of climate change, according to the research, published in Nature. ⑪ But the researchers said there was some cause for hope in that setting aside areas of land for nature created a refuge for insects, which need shade to survive in hot weather. ⑫ "Careful management of agricultural areas, such as preserving natural habitats near farmland, may help to ensure that vital insects can still thrive," said Dr Tim Newbold, also of UCL. ⑬ Study researcher, Peter McCann, added: "We need to acknowledge how important insects are for the environment as a whole, and for human health and wellbeing, in order to address the threats we pose to them before many species are lost forever."

参考译文：① 一项研究发现，受气候变化和集约农业的影响，世界部分地区的昆虫数量已减半。② 英国研究人员发现，全球变暖和农耕的双重压力正导致全球各地的昆虫数量"剧减"。③ 研究人员表示，人类必须承认自己给昆虫造成的威胁，否则一些物种将会永远消失。④ 但是，保护昆虫的自然栖息地能帮助一些重要昆虫繁衍生息。⑤ 伦敦大学学院首席研究员查莉·奥斯维特博士指出，昆虫数量减少不仅对自然环境有害，而且会危及"人类健康和食品安全，传粉昆虫数量减少的危害尤其大"。⑥ 她补充道："我们的发现凸显了采取措施保护自然栖息地、减缓高强度农业生产的扩张以及减排和减缓气候变化的迫切性。"⑦ 世界各地昆虫数量剧减——所谓的"昆虫末日"——引发了普遍的担忧。⑧ 不过，科学数据反映的情况好坏参半，某些种类的昆虫数量急剧减少，而其他种类的昆虫数量却保持稳定。⑨ 在这项最新的研究中，研究人员在约6000个不同地点收集了近2万种昆虫活动范围和数量的数据，其中包括蜜蜂、蚂蚁、蝴蝶、蚱蜢和蜻蜓。⑩ 发表在《自然》杂志上的这篇研究报告指出，和气候变化影响最轻微、耕作相对较少的地区相比，在高强度农业生产为主和气候变暖显著的地区，昆虫数量减少了49%，昆虫种类减少了27%。⑪ 但是研究人员表示，那些自然的"保留地"给炎热天气下需要绿荫才能存活的昆虫营造了庇护所，给昆虫的生存提供了一线希望。⑫ 同样来自伦敦大学学院的蒂姆·纽博尔德博士表示："农业区的精细化管理，比如保护农田附近的自然栖息地，或许有助于保证重要昆虫的存活。"⑬参与该研究的彼得·麦肯补充道:"我们需要承认昆虫对整体环境以及对人类健康和幸福的重要性,从而积极应对我们给昆虫造成的威胁,以免许多昆虫就此永远消失。"

点评分析:该语篇为英国BBC报道的一项科学研究。研究发现,在世界部分地区,受气候变暖和劳动密集型农业的影响,昆虫数量已减半。语篇引用了科学研究人员的话语,较多使用了主句后置。语言简洁,部分句式结构较复杂,逻辑关系强。在翻译过程中,既要忠实准确地表达出原文的信息,又要兼顾汉语的表达习惯,做到句子之间的语义连贯,表达流畅。

①的主句后置,这与英文的表达习惯有关。英语前重心,倾向于将事物的结果、结论前置,此处把研究的发现放在句首。汉语后重心,因而在翻译时要主语调整句序,否则译文就显得生硬了。"intensive agriculture"通常翻译成集约型农业或密集型农业。

②同①,信息来源在翻译时需要前置,调整句序。

③使用了人称照应"they",根据上文可知,"they"指代研究人员,在汉译时我们需要复现信息。人称代词"we"这里是泛指,可以翻译为人类。"before"此处是连词,后接不好的情况或结果,可以译为"以免""不然""否则"等。

④的句子结构较简单,直译即可,根据语境,此处"thrive"指昆虫的繁殖生长,可译为"繁衍生息"。

⑤的翻译基本与原文结构一致,需要注意的是,介词短语"with losses of pollinators"省略了部分语义,在翻译时需要增添词汇,显化隐含的信息,使原文中省略的内容在译文中得到明确的表达,帮助读者正确理解原文的内容和逻辑关系。

⑥同①②,译文将主句提前。同时,对名词"actions"进行动态化处理,可以译为"采取措施",符合汉语表达习惯。

⑦保持原句结构翻译即可。

⑧中"a mixed picture"指的是既有积极的又有消极的情况的图景,这里可以意译为"好坏参半的情况"。后接的"with"引导的介词短语具体解释说明了好坏参半的情况,翻译时可以转化成两个短句,使表达流畅;同时,指示照应"others"在汉译时也需要补充省略的信息,指的是"其他种类的昆虫"。

⑨中"the latest study"特指上述的研究,翻译时可以增加指示照应"这项"。其他部分可以顺译。

⑩的句子较长,结构较复杂。翻译时需要调整句子重心,首先需将主语前置,然后将状语"compared with…"提前。通过语篇分析,我们可以看出对比地区的不同点在于受气候和农业生产影响的程度,因此我们可以将"relatively untouched places"翻译为"耕作相对较少的地区",同时,将其后"that"引导的定语从句转化为并列的成分,译为"气候变化影响最轻微的地区"。另外,翻译"the number of different species"需要灵活处理,补充省略信息"昆虫种类",同时省略"数量",这样

处理使上下两个分句结构一致,读起来通顺连贯。

⑪中对于"said"的汉译可以多样化,用近义词"表明""表示""指出"等。英文原句将结果置前,原因置后,并且用了连接成分"in that",翻译时要调整句序,先原因后结果;由于汉语的连接成分使用明显少于英语,翻译时可以省略连接词。

⑫与前面句子相同,需将主句提前。"careful management of agricultural areas"可以译为"农业区的精细化管理"。

⑬中"study researcher"指的是研究成员,为了上下文的连贯,增译为"参与该研究的成员"。"before"的语义同③,两处的翻译可以使用不同的词汇使表达多样化。

5.3.3 农林学术论文类

例5-30　① 病虫害是作物生产面临的主要胁迫之一。② 近年来,随着无人机产业的快速发展,无人机农业遥感因其图像空间分辨率高、数据获取时效性强和成本低等特点,在作物病虫害胁迫监测应用中发挥了重要作用。③ 本文首先介绍了利用无人机遥感监测作物病虫害胁迫的相关背景;其次对目前无人机遥感监测作物病虫害胁迫中的常用方法进行了概述,主要探讨无人机遥感监测作物病虫害胁迫的数据获取方式和数据处理方法;之后从可见光成像遥感、多光谱成像遥感、高光谱成像遥感、热红外成像遥感、激光雷达成像遥感和多遥感融合与对比六个方面重点综述了近期国内外无人机遥感监测作物病虫害胁迫的研究进展;最后提出了无人机遥感监测作物病虫害胁迫研究与应用中尚未解决的关键技术问题与未来的发展方向。④ 本文为把握无人机遥感监测作物病虫害胁迫研究热点、应用瓶颈、发展趋势提供借鉴和参考,以期助力中国无人机遥感监测作物病虫害胁迫更加标准化、信息化、精准化和智能化。

参考译文:① Diseases and pests are main stresses to crop production. ② In recent years, with the rapid development of the unmanned aerial vehicle (UAV) industry, UAV agricultural remote sensing has played an important role in the application of crop diseases and pests monitoring due to its high image spatial resolution, strong data acquisition timeliness and low cost. ③ The relevant background of UAV remote sensing monitoring of crop disease and pest stress was introduced, then the current methods commonly used in remote sensing monitoring of crop disease and pest stress by UAV was summarized. The data acquisition method and data processing method of UAV remote sensing monitoring of crop disease and pest stress were mainly discussed. Then, from the six aspects of visible light imaging remote sensing, multispectral imaging remote sensing, hyperspectral imaging remote sensing, thermal infrared imaging remote sensing, LiDAR imaging remote sensing and multiple remote sensing fusion and comparison, the research progress of remote sensing monitoring of crop diseases and pests by UAV worldwide was reviewed. Finally, the unresolved key technical problems and future development directions in the research and application of UAV remote sensing monitoring of crop disease and pest stress were proposed. ④ We hope that this paper can help Chinese UAV remote sensing monitoring of crop diseases and pests to achieve more standardization, informatization, precision and intelligence.

点评分析：这是出自《智慧农业》学术期刊上一篇题为《无人机遥感监测作物病虫害胁迫方法与最新研究进展》的文章摘要。该摘要阐述了研究背景、论文内容及研究意义。第一、第二句交叉推进信息，用交叉型的主位推进模式给出了论文的主题即无人机遥感监测在作物病虫害胁迫方面的应用。第三、第四句使用了主位同一的推进模式，都以论文为出发点。第三句是个长句，含有四个分句，且后三个分句都省略了主语"本文"，从四个方面讲述了论文的主要内容，即研究背景、研究方法、研究进展和存在的问题及前景。第四句点明了论文的研究意义。

①为短句，直接顺译即可。

②的句式需要调整，将无人机农业遥感的三个特点作为原因状语后置，先结果后原因，符合英文表达规律。

③翻译时，将各从句独立成句。由于省略了主语，可以将句子结构调整为被动式，符合科技类文体的特征。各从句改用述位同一的主位推进模式，用不同的动词作谓语，如"introduced""summarized""discussed""reviewed""proposed"，体现表达的多样性。

④翻译时，将主语替换成人称代词"we"，表达研究团队的意愿是希望此研究可以提供借鉴和帮助，使中国无人机遥感监测作物病虫害胁迫技术发展达到新的高度。

例 5-31 ① Complex biological processes such as plant growth and development are often under the control of transcription factors that regulate the expression of large sets of genes and activate subordinate transcription factors in a cascade-like fashion. ② Here, by screening candidate photosynthesis-related transcription factors in rice, we identified a DREB（Dehydration Responsive Element Binding）family member, OsDREB1C, in which expression is induced by both light and low nitrogen status. ③ We show that OsDREB1C drives functionally diverse transcriptional programs determining photosynthetic capacity, nitrogen utilization, and flowering time. ④ Field trials with OsDREB1C-overexpressing rice revealed yield increases of 41.3% to 68.3% and, in addition, shortened growth duration, improved nitrogen use efficiency, and promoted efficient resource allocation, thus providing a strategy toward achieving much-needed increases in agricultural productivity.

参考译文：① 植物生长发育等复杂的生物学过程往往受到转录因子的调控，这些转录因子以级联的方式调控大量基因的表达并激活下级的转录因子。② 本研究通过筛选水稻中与光合作用相关的候选转录因子，鉴定到一个 DREB（脱水应答元件结合）家族成员 OsDREB1C，该基因表达受光和低氮状态的诱导。③ 我们发现 OsDREB1C 驱动功能多样的转录程序，决定光合能力、氮素利用率和开花时间。④ OsDREB1C 超量表达水稻的田间试验表明，产量提高了 41.3%～68.3%，缩短了生育期，提高了氮肥利用率，促进了资源的有效配置，为实现亟待提高的农业生产力提供了一种策略。

点评分析：此语篇为一篇学术论文的摘要。2022 年 7 月 22 日，中国农业科学院作物科学研究所周文彬团队在《科学》期刊在线发表了题为"A transcriptional regulator that boosts grain yields and shortens the growth duration of rice"的研究论文。该研究表明，在水稻中发现的高产基因 OsDREB1C，能够同时提高光合作用效率和氮素利用效率，可大大提高作物产量。该语篇使用了大量专业术语，语句表达严谨，在翻译时要注意准确表达原文语义。

① 句子较长，可以将定语从句分割开独立成句，用短句的形式表达，有助于读者的理解。同时，增添必要的连接成分，如指示照应"这些"使语义连贯。

② "here"此处指的是这项研究，可以直接翻译为"本研究"，原句的主语"we"可以相应省略。同①，建议将定语从句分割，增加连接成分，如重现"该基因"来帮助读者理解语义。

③ 中作定语的动名词短语"determining..."可以转化为动词短语，增强译文的可读性。

④ 中含有多个连接成分，如"and""in addition""thus"，这类显性的逻辑关系表达在汉语中使用的相对较少，在译文中可以省略，通过连动句的形式隐藏这些逻辑关系。

第 6 章　技术驱动下的农林科技翻译

6.1　翻译技术概述

6.1.1　发展背景

随着科技的不断进步,翻译技术的内涵亦在持续演变,而学界对其定义尚缺乏共识。目前,翻译技术的理解可分为狭义与广义两派。从狭义的视角来看,翻译技术主要涉及机器翻译和计算机辅助翻译这两大核心技术。然而,从更广义的角度审视,翻译技术包括贯穿整个翻译过程应用的各种工具和技术,诸如项目管理、术语管理、质量监控、双语语料库的构建及管理、语音和文字识别技术等[1]。

在翻译的不同阶段,即译前、译中、译后阶段,翻译技术扮演着关键角色。译前阶段,它涉及文本分析、格式转换、资源提取、项目创建和预翻译等;译中阶段,则包括翻译记忆库匹配、术语识别、拼写检查、机器翻译和在线搜索等功能;译后阶段,翻译技术则应用于质量控制、译文格式化和语言资产管理等领域[2]。显然,翻译技术的进步极大提升了翻译效率,只有利用这些技术,语言服务行业才能保持其活力和竞争力。

翻译对象更加多元化。由于人工智能、大数据和互联网技术的飞速发展,翻译技术也经历了不断地创新和迭代。传统翻译的主要对象是文学经典和社会科学著作,而现代翻译的主流已逐步转向实用文献、政府工作报告和组织文件等。此外,传统的翻译对象主要是文本材料,如今,翻译行业的业务范围已扩展至电子游戏、影视字幕、手机应用等诸多领域。

翻译工具更加多样化。在数智时代,人工智能与翻译的深度融合催生了层出不穷的翻译技术新形态,传统的翻译方式受到了巨大的冲击。现代翻译技术如术

---

[1] 王华树. 翻译技术教程(上册)[M]. 北京:商务印书馆,2017.
[2] 陶友兰,刘宁赫,张井. 翻译技术基础[M]. 上海:复旦大学出版社,2020.

语管理系统、翻译记忆工具、语料库分析工具、机器翻译系统等大幅度提高了翻译效率,成为翻译工作的重要工具。在大数据时代,翻译技术包罗万象,从最初的计算机辅助翻译技术到基于神经网络的翻译技术,译者应根据实际需求选择合适的翻译技术工具,以便更加高效准确地完成翻译任务。

翻译方式更加开放化。传统翻译方式多为一对一的人工翻译,技术发展使得翻译方式由一对一转向多对一,甚至出现了多对多的在线翻译协作。翻译活动从文件分析、团队组建、项目创建、任务分发、翻译审校、质量控制到语料资产的回收,全程都可在云端完成[①]。翻译技术的发展突破了对翻译活动在空间上的限制,不仅极大地提高了翻译的工作效率和翻译质量,还使得翻译协作成为可能,推动了世界一体化翻译市场的形成。

6.1.2 核心概念

翻译技术的核心概念主要包含机器翻译、计算机辅助翻译、翻译记忆库、术语库、译后编辑等。本部分将着重介绍机器翻译和计算机辅助翻译。

1. 机器翻译

机器翻译(Machine Translation,MT),又称自动翻译,是指使用计算机自动地将一种自然语言(源语言)语句转化为相同含义的另一种自然语言(目标语言)语句的过程。机器翻译可划分为基于规则(Rule-Based)的机器翻译和基于语料库(Corpus-Based)的机器翻译,后者又可细分为基于实例的机器翻译方法、统计机器翻译方法和神经网络机器翻译方法。

基于规则的机器翻译是指利用词典和翻译规则分析源语言的词法、句法和语法,将源语言解码,进行语言转化,再生成目标语言。其优点在于对语料库的规模要求不高,对计算机配置要求也较低。它的缺点在于人工撰写的翻译规则成本极高,出错率较高。随着翻译规则的累积,规则之间会出现相互矛盾的情况,兼容性较差。由于语言规则描述的颗粒度较大,翻译结果往往比较生硬、晦涩。

基于实例的机器翻译这一理念最早由日本学者长尾真(Makoto Nagao)提出,这种方法以双语语料库自动构建翻译知识库或实例库,通过切分源语言,生成句段。基于类比思想,计算机在语料库中寻找相似度高的目标语实例,再经过一系列操作如增减、替换,最终生成译文。基于实例的机器翻译避免了繁琐费力的语言规则撰写,可以利用语料库中已有的实例。但是,这种方法比较依赖语料质量,如果语料匮乏或者质量不高,翻译效果也会大打折扣。此外,当平行文本的匹配度不够时,并无明确的标准来指导选择实例,计算机如何将筛选出来的目标语字段组合成语义通顺、语法正确的目标语句也是一项挑战。

---

① 闫欣,陈瑞哲,张井. 翻译技术云平台的发展现状与趋势[J]. 中国科技翻译,2019,32(1):22-25.

统计机器翻译方法是基于统计学的理论来实现从源语言句子到目标语言句子的翻译方法。其思路主要是运用双语语料库学习词汇、句法等翻译知识,对源语言进行句子切割、词对齐,训练翻译模型、调序模型和语言模型,最后通过解码器输出译文。翻译模型可分为基于单词的模型、基于短语的模型和基于语法的模型三类。该方法引入了数学模型,能够很好地处理频繁出现的重要语言现象,提高了机器翻译的质量。但同时,统计机器翻译方法在利用词汇、短语翻译模型时存在翻译歧义、语序调整等问题。该方法依靠大规模语料,如果语料质量不高,翻译质量也会受到影响。

神经网络机器翻译方法的发展离不开深度学习技术。神经网络机器翻译主要通过编码器将源语言句子转化为一个向量,再由解码器利用一系列神经网络的变换读取向量参数,解码生成目标语言。该方法的优点在于能够更好地处理词序调整、词汇选择等问题,译文更加流畅自然,可以说神经网络机器翻译是机器翻译发展史上的一次飞跃。目前,神经网络机器翻译在罕见词翻译、长句翻译方面的能力还有待提高。

2. 计算机辅助翻译

计算机辅助翻译(Computer-Aided Translation,CAT)的定义有广义和狭义之分,广义的计算机辅助翻译是指译者在翻译过程中用到的所有计算机技术;狭义的计算机辅助翻译是指利用翻译记忆来简化重复劳动的信息化技术,具体来说就是计算机记录译者的翻译工作,将其储存在翻译记忆库中,待日后遇到与之前相同或相似的内容,通过记忆复现来提高翻译效率,从而减少译者的重复性劳动[①]。

机器翻译和计算机辅助翻译的区别主要在于两者的主体不同。机器翻译的主体是机器,是纯粹的自动化的翻译;而计算机辅助翻译的主体是译者,机器辅助译者完成翻译任务,它关注的是如何通过计算机技术提高人工翻译的效率。鉴于计算机辅助翻译工具种类众多,本节选择较为经典的三种作简要介绍。

(1) SDL Trados 介绍

塔多思(SDL Trados,图 6-1)于 1984 年由约亨·胡梅尔(Jochen Hummel)和希科·克尼普豪森(Iko Knyphausen)在德国成立。历经 30 多年的发展,SDL Trados 的技术非常成熟,已经成为目前市场占有率最高的桌面端计算机辅助翻译工具,全球市场占有率超过 70%,主要客户包括微软、西门子、甲骨文公司等。

同时,它支持 57 种语言、72 个主流源文件格式。Trados Studio 的优势表现在翻译记忆库(TM)、术语管理和机器翻译(MT)等。其中,MultiTerm 是 Trados 的术语管理模块,支持实时搜索、可定制显示、可扩展性和集成功能。译者通过建立一个或多个包含源语和译语的术语库,在进行翻译工作时打开相应的术语库,SDL

---

① 王华树. 翻译技术教程(上册)[M]. 北京:商务印书馆,2017.

Trados 会自动识别出已经定义了的术语。这不仅避免了译者的重复性劳动,而且保证了前后一致性,极大地提高了翻译效率。它执行开放的行业标准,实现了在支持 XLIFF 2.0、TMX 和 TBX 的工具之间共享文件、翻译记忆和术语库。但是,SDL Trados 的多模块设计使得它的学习使用并不轻松,大部分译者很难完全掌握它的操作要领。同时,它对计算机资源的要求较高,在翻译的准备过程中需要较高的投入。

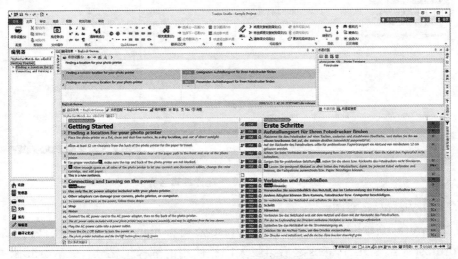

图 6-1　SDL Trados 2019 翻译编辑器界面

(2) memoQ 介绍

memoQ(图 6-2)是由匈牙利一家翻译技术公司推出的产品,该公司成立于 2004 年,历经二十余年的发展,memoQ 在全球范围内广受欢迎,是全球发展极快的翻译技术供应商。目前已有超过 16 万用户、超千家企业使用其提供的语言服务。

memoQ 提供了 QTerm(术语系统)、memoQ TMS(翻译管理系统)、memoQ project manager(项目经理版)、memoQ translator pro(译者专业版)、Hey memoQ(语言识别服务)、memoQWeb(云端服务)等主要产品。它的操作页面十分简洁,将翻译编辑功能、翻译记忆库和翻译术语库等整合于一体。其特色主要体现在 LiveDocs 数据库功能、Muse(片段提示)功能、X-translation(X 翻译)功能、Web Search(网络搜索)功能、Backup(项目备份)功能等方面。① 与 SDL Trados 相比,memoQ 软件体积更小,具有术语管理功能,可以提取术语、制作术语库,而 Trados 则需要单独的术语管理软件 SDL MultiTerm,术语管理操作相对复杂。

---

① 王华树. 翻译技术教程(上册)[M]. 北京:商务印书馆,2017.

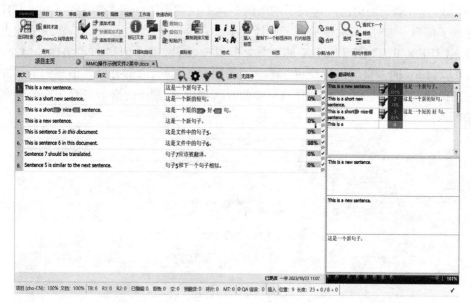

图 6-2　memoQ 10.1 翻译编辑器界面

（3）Wordfast 介绍

Wordfast（图 6-3）是由美国 Wordfast 公司推出的一款 CAT 软件,据称,Wordfast 是继 SDL Trados 之后第二大广泛使用的翻译记忆软件。Wordfast 主要包括四款产品,分别是 Wordfast Classic（WFC）：一款主要为使用 Microsoft Word 进行翻译的人员设计的翻译记忆工具,与 Trados 和其他 CAT 工具具有兼容性；Wordfast Pro（WFP）：是最新推出的单机跨平台翻译记忆软件,专为满足译员、语言服务供应商和跨国公司的需求而设计。WFP 提供了一个完整的翻译环境,可以存储翻译过的内容,可以将翻译效率最大化,提升译文的统一性,降低翻译成本；Wordfast Anywhere（WFA）：全球最大的免费安全云端翻译记忆软件,译者可以在联网的任何地方进行工作；Wordfast Server（WFS）：一款协同翻译软件,支持共享翻译记忆库。①

Wordfast 灵活性很强,该款软件处理格式包括 DOC、PPT、XLS、PDF、HTML、MIF、INX 和 TTX 等。此外,还提供超大翻译记忆 Very Large Translation Memory（VLTM）,持有 Wordfast 许可证的用户可免费使用 VLTM。Wordfast 虽然小巧,但是高度通用,拥有 Trados 套件的大多数特性。对于目前的 CAT 工具来说,Wordfast 软件的简单安装与应用是其一大优势。同时,它的部分产品可以免费使用,对于译者来说具有很强的实用性。

---

① 王华树. 计算机辅助翻译概论[M]. 北京：知识产权出版社,2019.

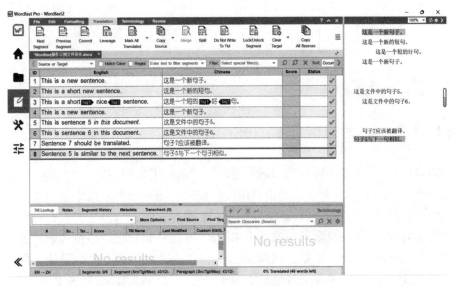

图 6-3　Wordfast Pro 5 翻译编辑器界面

6.1.3　发展趋势

随着人工智能和大数据技术的飞速发展,翻译技术与云计算技术相结合的趋势日益明显。云平台可以实现海量语料的存储,且能够进行数据备份,大大提升了数据的安全性。同时,基于云平台,翻译流程管理进一步优化,不同译者均可凭借云计算资源和云协作平台进行协同工作,共同完成同一翻译任务,极大提高翻译的质量和效率。不断拥抱翻译技术,熟练掌握和使用翻译技术软件已经成为数智时代对译者的必然要求。译者的角色也将转向语料处理、译前编辑、译后编辑等,其工作的重心更多地转向满足客户个性化的翻译需求。

值得关注的是,当前"机器翻译将取代人类译者"的言论层出不穷。必须承认,机器翻译虽然会取代人类的部分重复性翻译工作,但在分析语境、处理复杂句式等方面,机器翻译还存在很多问题,在审校、编辑等环节,机器的表现也不尽如人意。因此,在未来,机器翻译也不会完全取代人类。未来的时代将是人机协同、人机互补的时代。

6.2 搜索技术与翻译

6.2.1 译者的搜商

顾名思义,搜商是一种信息搜索的能力。搜商的主要构成要素是搜索意识、搜索能力和搜索结果。搜索意识是指利用搜索解决问题的意识。搜索能力主要是指人们的信息需求表达能力和信息获取能力。信息需求表达能力是指人们对自己的信息需求通过关键词、搜索词句表达出来的能力;信息获取能力是指人们根据自己的信息需求,通过一定的搜索方法和策略获取信息的能力。搜索结果是人们搜索活动最终获得的结果,主要通过信息查全率、信息查准率、信息获取力来评判[1]。

译者的搜商是指译者通过搜索技能解决翻译问题以及获取翻译知识的能力。搜索技术为译者提供了巨大的便利,比如文本背景信息的补充、生僻词的查询、专业术语的确认等。信息搜索能力可以说是当今社会的核心竞争力之一,搜商也是翻译能力的重要组成部分,甚至会直接影响翻译质量和翻译效率。提高译者的搜商,需要培养译者使用搜索工具、培养搜索技巧和掌握搜索资源三个方面的能力[2],具体内容会在后续的章节中详细介绍。

6.2.2 搜索工具的使用

对译者来说,除了谷歌、百度等常用的搜索引擎之外,还有桌面搜索工具、在线词典、语料库、术语库等可供参考查询。善用搜索工具,对于译者的工作会起到事半功倍的效果。

1. 搜索引擎

搜索引擎(Search Engine)是一种信息检索系统,根据一定的策略在互联网中搜集、组织、处理信息,为用户提供检索服务。搜索引擎一般包括信息搜集、信息整理和用户查询三部分。搜索引擎可分为全文索引引擎、目录索引引擎、元搜索引擎等。全文索引引擎的主要工作方式是从互联网中提取网站中的信息,建立相关数据库,当用户以关键词查询信息的时候,搜索引擎会检索自己的数据库,找到与关键词匹配的信息,按照一定的排名顺序返回给用户。全文索引引擎以谷歌、百度为

---

[1] 李童. 基于"搜商"现状调查的研究生科研能力培养研究[D]. 南昌:南昌大学,2019.
[2] 王华树,张成智. 大数据时代译者的搜索能力探究[J]. 中国科技翻译,2018,31(4):26-29.

代表。在目录索引引擎中,用户可以按照目录找到所需要的信息。目录索引引擎以雅虎为代表。元搜索引擎会向多个搜索引擎递交用户的查询请求,组合检索结果,再返回给用户。主要代表有 InfoSpace、Dogpile 等。

(1) 谷歌

谷歌(Google,图 6-4)成立于 1998 年 9 月 4 日,由拉里·佩奇(Larry Page)和谢尔盖·布林(Sergey Brin)共同创建。谷歌搜索引擎界面设计简约干净,检索结果精确度高,被公认为全球最大的搜索引擎。Google 搜索引擎主要的搜索服务有网页、图片、音乐、视频、地图、新闻、问答等。它的优点主要体现在信息量大,信息更新速度快,支持多种语种,高级搜索功能非常丰富。谷歌坚持搜索服务免费,把用户体验放在第一位。

图 6-4　谷歌的检索界面

(2) 百度

百度(Baidu,图 6-5)于 2000 年 1 月由李彦宏、徐勇两人创立。"百度"二字源于中国宋朝词人辛弃疾的《青玉案》诗句"众里寻他千百度",象征着百度对中文信息检索技术的执着追求。百度搜索是全球领先的中文搜索引擎,除了网页搜索之外,还有百度地图、百度翻译、百度文库等特色板块。百度搜索让人们平等便捷地获取信息,找到所求,它开放的平台文化正在受到越来越多用户的青睐,促使平台与用户联合创造更多的价值。在中国,百度一直稳居搜索引擎流量第一。

(3) 必应

必应(Bing,图 6-6)是美国微软公司于 2009 年推出的用以取代 Live Search 的全新搜索引擎服务,是针对中国用户的搜索特点而提供的互联网搜索引擎。必应的搜索界面提供国际版和国内版,为用户提供美观、高质量、国际化的中英文搜索服务,很好地满足了不同用户的需求。必应的首页背景是来自世界各地的美图,辅之以相关的搜索提示,从而优化了用户体验。

值得注意的是,必应将词典功能放在了搜索菜单栏,必应词典不仅可以提供中英文单词和短语查询,还提供中英文例句、网络释义。相对于其他搜索引擎,必应的一大亮点是它的地图搜索功能,不仅能为用户规划详细的行车路线,而且还提供停车场、加油站等场所信息。

图 6-5　百度的检索界面

图 6-6　必应的搜索界面

2. 桌面搜索

桌面搜索(Desktop Search)是搜索工具应用的一个新领域的名称,这个领域是用户所拥有的计算机文件的内容,而不是搜索互联网。桌面搜索强调的是挖掘用户个人电脑上全部可用信息,包括网页浏览器历史、电子邮件文件、字处理器文档等。个人电脑中通常储存着海量的文件资料,学会如何高效地查找文件对于译者来说是一项必备的技能。以 Windows 系统为例,它自带文件名搜索功能,但是检索速度较慢。

相对于 Windows 系统自带检索,Everything(图 6-7)似乎更具优势。Everything 是一款免费的 Windows 桌面搜索工具,它基于文件名快速定位文件和文件夹位置,占用系统内存少。而且,Everything 的设计页面干净简洁,不包含任何恶意软件或广告,为用户提供了较好的体验感。安装版本分为安装版和便携版,安装版将指导用户安装;便携版用户必须解压"Everything.exe"到指定路径,且不会更改系统,大部分安装版中选项在便携版 Everything 选项中可用。

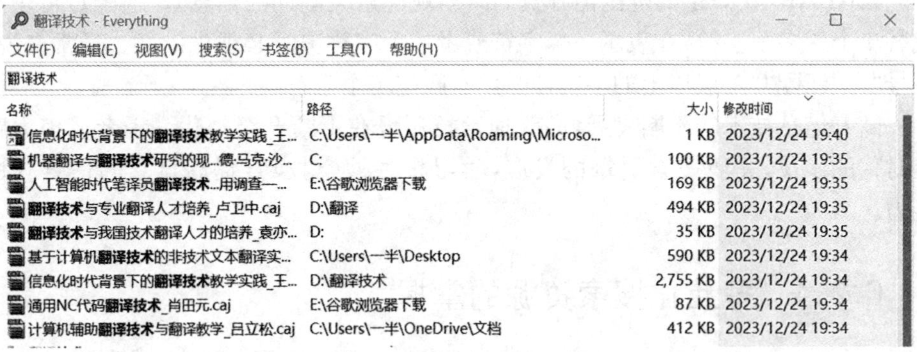

图 6-7 Everything 的运行界面

但是,Everything 的缺点在于只能通过文件名称进行检索,不支持全文检索。当用户不太记得文件名称而只记得文件内容时,Everything 就可能找不到文件。全文检索工具比如百度硬盘搜索、FileLocator Pro 等能够直接搜索文件中的内容,很好地弥补了 Everything 的缺点。

译者在选择桌面搜索工具的时候,可以结合多种软件,帮助自己更加高效地查找文件,从而进一步提高翻译效率。

3. 在线词典

在线词典是比电子词典更为领先的词典形式。它是建立于互联网之上、通过使用计算机语言将机器可读的词典转化为可以在线检索的数据库系统。在线词典可为读者提供实时共享查询服务,满足了网络时代的用户需求。它的特点主要在于信息容量大,实时共享,更新及时,资源丰富。相较于纸质词典,在线词典的检索方式更加便捷,途径更加多样。在线词典可以同时结合音频、视频帮助用户更好地理解词义,大大加强了趣味性和直观性,延伸和深化了文字解说的内容。常见的电子词典主要有牛津词典、朗文词典、有道词典、金山词霸等,译者可以充分利用这些宝贵的资源来辅助完成翻译工作。

6.2.3 搜索技巧的培养

译者不仅要善用搜索工具,还要学习搜索技巧。要完成有效搜索,首先必须要有针对性地选择搜索引擎,不同的搜索引擎具有不同的功能和特点,译者要根据自己的需要选择合适的搜索引擎。其次要确定检索关键词,译者在搜索之前可以先列出一个与所需信息有关的关键词清单,在搜索过程中逐步确定检索关键词。在输入检索关键词时需要注意细节问题,比如人名、地名的大小写。如果译者对检索结果不满意,可以进行细化与再查询,通过使用布尔操作符、引号或括号、通配符改善搜索过程。布尔操作符主要包括 AND（逻辑"与"）、OR（逻辑"或"）、NOT（逻辑"非"）、NEAR（在一定的范围内寻找同时出现检索关键词的信息）。通配符可用于代替单个或多个字符，在表示一个字符或者一个字符串时必须先定义。通常来说，星号"*"匹配 0 个或以上的字符，问号"?"匹配 1 个字符。

随着信息技术的不断发展，高级搜索技巧也在不断升级换代。译者要努力跟上时代的步伐，关注搜索引擎的发展，学习多种搜索技巧，提高自己的信息获取能力。

6.2.4　多元化搜索资源的掌握

在农林科技翻译领域，译者可以利用的网络搜索资源种类繁多，包括学术数据库、语料库和在线百科等。这些资源为译者提供了丰富的信息来源，有助于提高翻译质量和效率。

学术数据库是农林科技翻译中的重要资源之一，它们具有共享性、信息密集性和可获得性。通过访问中文期刊全文数据库如中国学术期刊网络出版总库（CNKI）、万方数据和中文科技期刊数据库（维普），以及国际知名学术数据库如 EBSCO 和 Springer Link 等，译者可以获取到大量的农林科技相关文献，了解最新的研究动态和成果。

语料库在农林科技翻译中也扮演着重要的角色。单语语料库如英国国家语料库（BNC）和美国当代英语语料库（COCA）可以帮助译者了解目标语言的用法和表达习惯。汉语单语语料库如国家语委现代汉语通用平衡语料库、北京语言大学 BCC 语料库和北京大学 CCL 语料库等，可以为译者提供丰富的汉语农林科技术语和表达方式。汉英双语平行语料库如中国科学院汉英平行语料库、南京大学双语词典研究中心英汉双语平行语料库和清华大学中英平行语料库等，可以帮助译者更好地理解和运用农林科技领域的专业术语和表达方式。

在线百科如维基百科和百度百科也是农林科技翻译中的常用资源。维基百科以其开放性、中立性和版权保护而受到广泛欢迎，但译者在使用时需要注意其权威性和专业性。百度百科作为全球领先的中文百科全书，提供了丰富的农林科技相关信息，但在使用时应注意版权问题和权威性问题。

总之，农林科技翻译者应充分利用各类网络搜索资源，多方参考，仔细辨别，以确保翻译的准确性和专业性。同时，译者还应不断学习和积累专业知识，提高自身的翻译能力，为农林科技的国际交流和发展作出贡献。

6.3 术语管理技术

6.3.1 术语概述

学界对术语并无统一的定义,术语可以是词,也可以是词组。《术语工作·原则和方法》(GB/T 10112)中对术语的定义是"专业领域中概念的语言指称";学者冯志伟对术语的定义是"通过语音或文字来表达或限定专业概念的约定性符号";学者龚益对术语的定义是"在特定学科领域用来表示概念的称谓的集合,是通过语音或文字来表达或限定科学概念的约定性语言符号"。

冯志伟在《现代术语学引论》(增订本)中提出,在术语定名时应遵循以下11个原则,分别为专业性、约定俗成性、单义性、科学性、理据性、简明性、能产性、稳定性、系统性、确切性和国际性等。上述11个原则有时会彼此冲突,而专业性是术语的根本特征。在日常使用中,人们往往会忽视术语的单义性,造成术语混用,妨碍学术沟通交流。这时,术语标准化显得尤为重要。术语标准化可分为术语本身的标准化和术语工作原则与方法的标准化,术语标准通常由权威的机构制定。众多国际机构不断努力推动术语标准化的发展,如国际标准化组织(International Standardization Organization)、国际电工委员会(International Electrotechnical Commission)和国际电信联盟(International Telecommunications Union)。

6.3.2 术语管理

术语管理(Terminology Management)是对术语资源进行加工的实践活动,主要包括术语收集、存储、编辑、维护等。常见的术语管理工具主要包括 SDL MultiTerm、memoQ 术语管理、YiCAT 术语管理、东方雅信、语帆术语宝等。国内的术语管理工具语帆术语宝是一款优秀的在线术语管理系统,它同时支持单语、双语术语提取,且可以在浏览器中注册、登录后直接打开,操作性较强,使用便捷高效,译者在网页端即可完成术语的管理、检索、标注、收集和分享。

术语管理可分为描述性术语管理和规范性术语管理。描述性术语管理主要指非规范性的术语活动,通常出于翻译和写作目的,由译者、技术写作者、社会科学家对术语进行整理工作,他们一般对术语的用法不做规定。规范性术语管理是为了促进某一领域内术语的统一和协调,由标准化工作者、政府管理人员、命名专员、语言规划人员实施的术语活动。

术语管理系统对翻译工作起到了很大的作用,体现在促进术语统一,提高翻译质量;配合计算机辅助翻译工具和质量检查工具,提升翻译速度;管理术语数据,传承翻译项目资产,方便后续使用等方面。术语管理包含的内容众多,本部分只选取术语提取、术语审校、术语库创建做简要介绍。

1. 术语提取

术语管理工作的第一步是术语提取,指的是译员利用技术工具将相关术语从特定的语料中提取出来。根据工作主体不同,术语提取可分为人工手动提取和机器自动提取,若翻译项目的内容较多,完全依靠人工提取术语也是不现实的,这会耗费译员大量的时间精力。术语提取的最佳方式是先通过术语管理工具提取术语,再由人工进行核对。

术语自动提取可分为单语自动提取和双语自动提取,单语自动提取是指从单一语言语料中提取术语,而双语术语提取是指从双语平行或可比语料库中提取术语对。

2. 术语审校

术语审校是指检查术语翻译结果并确定翻译质量是否令人满意,从而进行必要修改。翻译审校可分为自我审校和他者审校。自我审校是指译员本身为完成翻译任务而进行的翻译审校;他者审校是指他人对译员工作的额外质量检查。

术语审校的流程主要是译员自校,即译员对提取出来的术语进行审校,完成第一次术语审校工作;译员互校,即译员两两交换进行审校;团队审校,即团队译员开展讨论,共同完成术语的审校工作;专家团队审校,即术语表交付专家老师团队进行审校;术语定稿,即术语定稿后,创建术语库;术语的维护与管理,即修改术语、添加术语。

3. 创建术语库

术语库是术语数据库的简称,是储存术语信息的数据库。根据《建立术语数据库的一般原则与方法》(GB/T 13725—2019),术语库可以分为三级四类。三级包括国家标准化术语库、专业领域术语库、基层术语库;四类包括面向概念的术语库、面向翻译的术语库、面向特定目标的术语库、其他特殊用途的术语库。术语库的建立不仅有利于保持术语一致性,而且有助于提高翻译效率和翻译质量。

下面以 memoQ 10.1 为例创建术语库,术语库创建存在多种方式,在此介绍其中最简单的一种方式(图 6-8)。

第一步,点击"资源控制台",选择术语库,点击"新建"。

第二步,重新命名术语库,选择存储路径,设置语言。同时,用户可以根据个人需要补充客户信息、项目信息、领域信息等。

第三步,点击"导入",导入术语表,memoQ 支持 csv、txt、tmx、tsv、xml、xlsx、xls、tbx 等 8 种文件导入格式。

第四步，将文件导入之后，点击"导入为术语"，根据字段语言选择语种。

第五步，术语库创建成功，点击"编辑"，即可进行术语编辑。

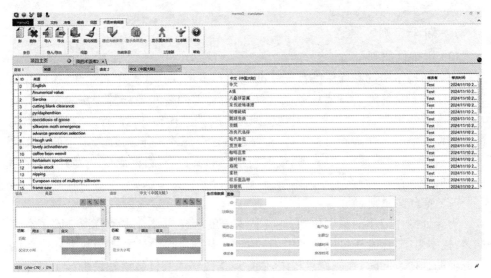

图 6-8　memoQ 术语编辑器界面

6.3.3　农林科技术语翻译

农业作为国家经济结构的根基，扮演着第一产业的重要角色。在全球化的大背景下，农业科学技术文献的精准翻译对于掌握国际农业科技的最新动态、推动我国农业现代化进程，乃至于将中国的农业成就展示于世界舞台都至关重要。农业科技领域的文献充满了专业术语和概念，因此，精通这些术语的翻译技巧显得格外关键。

在农林科技翻译实践中，许多普通词汇被赋予了特定的专业含义。例如，"rice ear"在专业语境中指的是"稻穗"，而非简单的"耳朵"。此外，该领域广泛使用缩写词、派生词和复合词，这要求翻译者不仅要具备语言转换的能力，还要对专业概念有深入理解。比如"CGR"是"crop growth rate（作物生长率）"的缩略形式；而"biotype（生物型）"是由"biology（生物学）"和"type（类型）"结合而成的新词；"grassland（草地）"则是由"grass（草）"和"land（土地）"组合而成的复合词。

译者在处理农林科技术语时，绝不能仅仅依赖字面意义进行翻译。正确的做法是通过专业的词典、资料或专家咨询等方式进行细致的查证和理解。例如，在翻译涉及水稻栽培技术的文章时，"seeding rate（播种率）""dry matter content（干物质含量）"等术语必须准确无误地传达其科学含义。同样，在介绍中国特有的农作物品种如"杂交水稻"时，也需要准确地将其翻译成对应英文术语"hybrid rice"，以确保国际读者能够正确理解其特性。

综上所述,农林科技翻译工作不仅要求翻译者具备扎实的语言技能,还要求其拥有深厚的专业知识背景,以确保术语的准确性和专业性,进而促进农业科技的全球交流与发展。

1. 翻译原则

(1) 准确性原则

农林科技术语的翻译原则首先是准确性和客观性。在介绍农业知识时,准确转达原文信息是译者的首要任务,应该尽量避免使用夸张等修辞手法。农业科技术语的专业性很强,译者如果盲目地按照词汇的常见释义进行翻译,就很容易出现翻译错误的情况。在翻译过程中,译者要以科学严谨的工作态度,考虑中西方文化差异,注重理解相关词汇和句子搭配时所蕴含的文化意境,融合文化差异,确保翻译内容的准确性。

(2) 整合性原则

为保证翻译效率的最大化,农业科技术语的翻译应整合多种资源。除了在线词典、搜索引擎,译者还可以借助中国知网、万方平台等中外文期刊数据库等网络资源辅助翻译。同时,在翻译过程中,农业英语语料库和计算机辅助翻译工具能够有效提高翻译效率和翻译准确性。

(3) 协作性原则

鉴于农业科技术语涵盖众多领域,知识体系复杂,译者很难对所有农业知识了如指掌。因此,译者与专业人士的合作很有必要。专业人士可以解决技术知识方面的问题,而译者可以解决语言障碍,从而更加出色地完成翻译工作。在必要时,中外合译也是一种很好的方式。

2. 翻译方法

(1) 直译法

直译法是农业科技术语翻译中最常见的翻译方法,直译的优点在于直接准确地表达原文信息,不掺杂译者的感情偏好。汉语中的大部分科技术语都来自于对术语的直译。"collective farm(合作农场)""dairy farming(乳业)"等都采用了直译法,不仅很好地传达了原文的意思,而且有利于读者了解这些专业术语的构成。

(2) 意译法

由于中西方的文化差异,部分农林科技术语在直译时存在意义无法衔接的现象。为了避免原文与译文之间的歧义,意译法可以作为一个很好的补充,即按照原文的大致意思进行翻译。例如,"a dry cow"如果用直译法就是指"一头干燥的牛",而原文所表达的是牛没有产奶的问题,因此可以翻译为"一头不产奶的牛"。

(3) 音译法

农林科技术语翻译过程中会遇到一些术语无法意译必须音译的情况。音译法是指采用原文发音进行翻译。例如,"gene"被译为"基因";"银杏叶"被译为"yinxingye";"苍耳子"被译为"Cang'erzi"。音译法作为直译法、意译法的补充,促进了农林科技术语的标准化和规范化。在农林科技术语对外翻译的过程中，音译法能够促进中国农业文明更好走向世界，增进中西方文明交流互鉴。

6.4 语料库技术与翻译

6.4.1 语料库概述

在《语料库语言学与计算语言学研究丛书》的序言中，冯志伟对语料库给出了以下定义："语料库是为了一个或多个应用目标而专门收集的、有一定结构的、有代表性的、可被计算机程序检索的、具有一定规模的语料的集合。"[①]这一定义揭示了语料库的本质属性和功能。

语料库是一个体系庞大的语言材料数据库，它以电子计算机为载体，存储着语言实际使用中出现过的真实语言材料。这些真实的语言材料，经过计算机技术的分析、处理与整合，才能成为有用的基础资源。因此，语料库可以被视为承载语言知识的基础资源。

语料库的分类标准多种多样，以下是一些常见的分类标准供参考：

首先，按照用途划分，语料库可以分为通用语料库和专用语料库。通用语料库用于一般性语料研究，其语料来自于广泛收集的不同类型文本，建库标准和要求较为严格。而专用语料库则反映某一特定领域语言变体，其语料仅涉及某一专门语域或语体，为某一特定用途研制。

其次，按照语种数量划分，语料库可以分为单语语料库、双语语料库和多语语料库。单语语料库的语料仅由一种语言构成；双语语料库的语料由两种语言构成；而多语语料库的语料则由三种或三种以上语言构成。

再者，按照介质形式划分，语料库可以分为文本语料库、口语语料库和多模态语料库。文本语料库的语料取材于书面语，主要由文字内容组成；口语语料库主要储存语言音频文件和相应文字副本，主要由大量语言音频文件组成；而多模态语料库则包含多种不同类型的语言材料。

最后，我们来了解一下语料库技术。语料库技术是指在语料库的创建与应用过程中各环节所使用的技术，主要包括语料的获取、清洗、对齐等相关技术。在后续章节中，我们将详细介绍这些技术及其在语料库建设中的应用。

---

① 转引自冯志伟为《语料库语言学与计算语言学研究丛书》撰写的序言。

6.4.2 语料获取

语料获取技术是指从各种来源渠道收集整理语料,并根据需要将语料转换为可编辑、可加工、可入库的电子数据的相关技术。在当今全球化和信息化的背景下,语料库技术对于翻译实践和研究具有不可估量的价值。构建高质量的双语或多语种语料库,不仅能够极大地提高翻译效率,还能显著提升翻译质量。

1. 手动获取

在翻译领域中,手动获取语料的过程是一种传统且有价值的方法。译者或研究人员通过精选文本片段,手动录入到电子文档中,创建原始的双语资源。尽管这一过程可能耗时且劳动强度大,但它允许专家仔细筛选和对比原文与译文,从而保证语料的精确度和可靠性。随着技术的发展,手动录入逐渐被数字化扫描取代,但手动获取高质量文本的重要性仍然存在。

2. 自动获取

自动获取技术,尤其是网络爬虫,为翻译领域带来了革命性的变化。通过编程脚本,爬虫可以在互联网上自动搜集大量的翻译实例和对照文本,这些语料可用于训练机器翻译系统或作为翻译记忆库的一部分。自动获取的高效性和可扩展性使其成为快速构建双语语料库的理想选择,但同时也需要细致的后期处理,以确保翻译的准确性和一致性。

3. 格式转换

在翻译项目中,经常需要处理多种不同格式的文件。格式转换技术使译者能够将源文件转换为更易于翻译和本地化处理的格式,如将 PDF 或 Word 文档转换为纯文本或其他文本格式。这种转换不仅提高了工作效率,还有助于保持文档样式和布局的一致性,这对于保持文档的专业形象至关重要。

4. 字符识别

字符识别技术(Optical Character Recognition,OCR)对于翻译具有重要意义,尤其是在处理包含图像或扫描文档的翻译项目时。OCR 可以将印刷材料上的文字转换为可编辑的电子文本,从而便于翻译和再利用。随着 OCR 技术的不断进步,即使是复杂的排版和手写文字也能够被准确识别,这极大地扩展了可利用的翻译材料范围。

6.4.3 语料清洗

语料清洗是确保翻译质量的关键步骤。它涉及对原始语料进行细致的审查和修正,包括去除噪声、纠正语法错误、统一术语和格式等。在翻译过程中,清洗后的语料可以作为参考材料,帮助译者保持一致性,同时也可以作为训练材料,用于改进机器翻译系统的性能。有效的清洗和降噪对于保障最终翻译的质量至关重要。

综上所述,在翻译实践中,语料库技术的应用不仅提升了工作效率,还提高了翻译的准确性和一致性。通过手动和自动获取语料的结合、格式的有效转换、精准的字符识别以及严格的语料清洗,我们可以构建出高质量的双语或多语种语料库,这些语料库将成为译者和机器翻译系统的宝贵资产。随着技术的进一步发展,我们期待语料库技术继续推动翻译行业向着更高的准确性、效率和智能化迈进。

6.4.4 语料对齐

在构建平行语料库的过程中,对齐技术通常用于实现双语或多语材料的同步。这种对齐可以发生在不同的语言单位层次上,包括篇章、段落、句子、短语和词汇等。而具体到平行语料库的建立,语料的对齐一般指的是达到句子级别的一致性。

为了进行有效的语料对齐,开发者设计了多种工具。例如,Abbyy Aligner 和 Tmxmall 是专门用于对齐任务的工具。除此之外,许多计算机辅助翻译(CAT)工具也集成了对齐功能,比如 SDL Trados、DéjaVu、memoQ 和 Transmate 等。这些工具内置的对齐模块使得翻译工作更为高效。通过应用这些对齐技术和工具,可以创建出包含大量双语或多语材料的平行语料库。这样的语料库能够为翻译研究提供更加丰富和坚实的基础,从而促进翻译实践和理论的发展。

第7章 农林科技语言服务

7.1 语言服务

近年来,语言在社会发展中的作用和价值逐渐得到学界的关注,各领域语言应用研究相继涌现,一些新的理论视角也不断被提出,如语言经济、语言产业、语言服务等,这些都是对语言在社会经济发展中价值的多视角思考,具有重要的语言规划战略意义。

7.1.1 何为语言服务

国内对语言服务的范畴研究一般分广义和狭义两大流派。前者认为语言服务是语言学的一部分,研究范围较广,从国家语言政策的制定、多民族多语言地区的语言政策到各行各业的特定语言服务,等等,如李宇明认为语言服务就是利用语言(包括文字)、语言知识、语言艺术、语言技术、语言标准、语言数据、语言产品等语言的所有衍生品,来满足政府、社会及家庭、个人的需求[①]。后者则更倾向于认为,语言服务是中国翻译行业的全新定位,但是又远超出传统意义上翻译行业的服务范围,包括翻译与本地化服务、语言技术工具开发、语言教学与培训、语言咨询相关业务等,已成为全球化产业链的一个重要组成部分。袁军从操作层面详细界定了语言服务:"语言服务以帮助人们解决语际信息交流中出现的语言障碍为宗旨,通过提供直接的语言信息转换服务及产品,或者是提供有助于转换语言信息的技术、工具、知识、技能等,协助人们完成语言信息的转换处理。或者语言服务是通过直接提供语言信息转换服务和产品,或提供语言信息转换所需的技术、工具、知识、技能,帮助人们解决语际信息交流中出现的语言障碍的服务活动。"[②]

---

① 李宇明. 语言服务与语言消费[J]. 教育导刊,2014(7):93-94.
② 袁军. 语言服务的概念界定[J]. 中国翻译,2014(1):18-22.

根据《中国语言服务发展报告(2020)》[①]，广义的语言服务指所有关于语言的服务，涵盖公共语言服务、语言教学服务、语言文化资源传承传播服务、语言技术服务、语言翻译服务等多个领域；狭义的语言服务是指具体单个的语言服务。除去以语言为核心的服务内容，语言服务还涉及两个群体，即服务的提供者和服务的需求者。语言服务的提供者，需具有极为专业的语言文字知识，可以是个人，也可以是社群、机构或国家；语言服务的需求者，势必在语言文字方面具有某种自身无法实现的需求，同样也可以是个人、社群、机构或国家。

总之，语言服务是利用语言、语言产品、语言技术等，为满足社会语言需求而提供的各种服务。这一界定，将语言服务引向了社会语言生活，语言服务研究也由此进入更加开阔的空间。此后，应用语言学界、社会语言学界更加关注语言服务问题，就语言服务的概念、类型、价值以及语言服务的未来发展等诸多与语言服务相关的理论和实践问题开展了多视角的探讨和分析。

7.1.2　语言服务的发展历程

我国的语言服务从产生、发展到繁荣并非一蹴而就，其嬗变过程从20世纪80年代至今，经历了诞生、发展、壮大至成熟等多个阶段[②]。1986年，全国语言文字工作会议提出要"加强语言文字的基础研究和应用研究，做好社会调查和社会咨询、服务工作"，这是我国较早从语言服务角度对语言文字工作提出的要求，体现了早期抽象、宏观的"语言或语言研究服务于经济社会发展"的语言服务观。随着经济全球化、国际化步伐的加快，跨国、跨语言、跨文化的交际日益频繁，不同语言之间的转换愈加重要，语言翻译的作用得到了空前重视。于是，作为专业术语的"语言服务"进入了语言学界。

事实上，"语言服务"不仅仅是学界的一个术语和研究对象，更在翻译及其相关的语际信息转换中逐渐发展成为一项专注于提供语言翻译服务的产业——语言服务业。例如，美国Common Sense Advisory(CSA)公司发布的全球语言服务商排名年度报告中，语言服务主要指语言翻译及相关的本地化等业务。国内翻译学界举办的中国国际语言服务业大会也把"语言服务"作为翻译服务的代名词。

当然，作为一门相对新颖的产业，语言服务业的确脱胎于翻译行业，但其业务范围已远远超出了传统意义上的翻译产业。从早期的"Translation Industry"转换成"Language Service Industry"，译名的变化令两者之间的差异显而易见。2008年北京奥运会和2010年上海世博会的成功举办，更是催生了巨大的语言服务市场，进一步推动了语言翻译服务业的蓬勃发展，使得以翻译服务为主的语言服务在

---

① 《中国语言服务发展报告(2020)》是国内首部专题性语言生活皮书。(https://baijiahao.baidu.com/s?id=16683625021352726468&wfr=spider&for=pc)

② 王立非. 国际语言服务本科专业培养方案的设计与实现[J]. 外语教育前沿,2023(5):44-51.

社会生活中的作用日益凸显。

2010年，中国翻译协会召开中国国际语言服务行业大会，正式提出"语言服务"的概念，这标志着语言服务在我国正式诞生。2013年10月，中国翻译协会举办"2013中国国际语言服务业大会"，探讨语言服务如何推动中国对外贸易和文化"走出去"战略。会后，"语言产业与语言服务"成为热词。2014年5月，中国翻译协会主办"语言服务与全球化论坛"，紧扣国家软实力建设和文化繁荣发展新需求，紧跟新一轮科技革命和产业变革新趋势，国内语言服务行业日臻规范成熟。按照王立非的定义，"语言服务是以跨语言能力为核心，以信息转化、知识转移、文化传播、语言培训为目标，为高新科技、国际经贸、涉外法律、国际传播、政府事务、外语培训等领域提供语言翻译、技术研发、工具应用、资产管理、营销贸易、投资并购、研究咨询、培训与考试等专业化服务的现代服务业"[1]。

2022年，国家发展改革委和商务部发布第52号令，首次将语言服务产业纳入《鼓励外商投资产业目录（2022年版）》[2]，于第460条明确语言服务产业包括翻译、本地化服务、语言技术研发应用、语言资源服务四大类。语言服务业经过数十年推进，顺应社会市场需求发展，为时代号召铺设语言之路，响应国家"走出去"方针政策，受到高度重视。

语言服务业是传统翻译行业职业化进程的产物，是一个包括翻译与本地化服务、语言技术工具开发、语言教学与培训以及语言相关咨询业务等内容的新兴行业，已成为全球产业链的重要组成部分。近年来，中国语言服务市场总体需求保持增长。在国家"走出去"和"一带一路"倡议的战略背景下，语言服务产业获得了更多的市场机会。随着中国全球发展的步伐加快，语言产业面临工程、医疗、高新技术专业及小语种人才稀缺，人工智能、机器翻译技术拓展缺乏有效的应用场景等问题。在人工智能驱动语言服务发展的浪潮中，谷歌、华为等巨头公司以技术优势推动行业创新和变革，语音识别、图像识别及大数据应用成为关键技术驱动力。

中国翻译协会2022年发布的《中国翻译及语言服务行业发展报告》[3]显示，我国翻译及语言服务产业规模不断扩大，人工智能技术应用更加广泛，翻译教育迅猛发展，行业标准化建设稳步推进。《2023—2029年中国语言服务行业市场研究分析及竞争战略分析报告》显示，全球以语言服务为主营业务的企业总产值首次突破500亿美元。中国有语言服务业务的企业423547家，以语言服务为主营业务的企业达9656家，中国语言服务行业产值2022年增长至650.05亿元。

---

① 王立非. 从语言服务大国迈向语言服务强国[J]. 北京第二外国语学院学报，2021(1)：3-11.
② 国家发展和改革委员会. 鼓励外商投资产业目录（2022年版）[EB/OL]. (2022-11-29)[2024-04-10]. https://www.gov.cn/zhengce/2022-11/29/content_5730383.htm.
③ 中国日报网.《2022中国翻译及语言服务行业发展报告》在中国翻译协会第八次会员代表大会上正式发布[EB/OL]. (2022-04-02)[2024-05-15]. https://baike.baidu.com/reference/60662488/533aYdO6cr3_z3kATPGDyqmlMSeSZdv9treCVeRzzqIPmGapB4zkU4I74d8-8bllFQLPpdZhb9tahbejXkZE6fUYeOsyRrMmnX_4UTbAzrrl6Z5n2NwW8tMYDQ.

随着社会语言生活的日益多样化,语言研究的不断深入,语言服务的内涵不断丰富,语言服务所涉及的社会领域也不断扩展。作为一种兼具"服务性""规约性""主导性"和"市场性"等属性的社会实践活动,语言服务的学科特性决定了其跨学科的必然性。

7.1.3　农林科技语言服务的跨学科属性

中共中央、国务院印发的《深化新时代教育评价改革总体方案》强调,高等教育要主动服务国家需求,科学合理定位,办出特色和水平。无独有偶,教育部新文科建设工作组发布的《新文科建设宣言》同样提出要以"专业集群融合"来发展,学科不再是之前的知识发展导向,而是转移到社会需求导向,如此才能体现高等教育的实质——服务国家。可见,新时代高等教育创新发展的重点是面向国家重大战略需求,优化学科布局,突出院校学科特色,提高学科建设质量,培养"语言＋技术＋服务"的复合型人才。

教育部制定了《高等学校乡村振兴科技创新行动计划(2018—2022 年)》[①],加大涉农高校、涉农职业院校、涉农学科专业建设力度,强化人才供给,深入推进农业农村现代化。高校外语教育需要承担起这一重任,在教学和市场需求中搭建桥梁,扎根本校特色,贴合国家政策,在人才培养过程中重视"四个服务",即服务国家战略、服务行业需求、服务开放经济、服务文化对外传播。

有学者考察当前翻译服务行业时,查看全球语言服务供应商在网络这一媒介中发布的招聘广告,认为在内容和对象上,来自医疗、农业、法律、IT、商务领域的语言翻译需求已大大超过文学领域。[②] 国际语言服务业对翻译人才的资质要求和能力需求,呈现了以服务为宗旨,以技术为依托,以需求为导向,以效率为前提的发展趋势。以联合国粮农组织为例,该组织在计划执行的语言政策部分明确提出,对语言工作者除语言外的其他素养如粮农专业知识有相应需求。

中国翻译协会 2012 年发布的《中国语言服务业发展报告》将语言服务业分为核心层、相关层和支持层。核心层指"经营或业务的主要内容为提供语言间信息转换服务、技术开发、培训或咨询服务的企业或机构",相关层指"经营或业务部分依赖于语言间信息转换的机构或企业",支持层是"为语言服务提供支持的政府部门、机构和企业"。其中,高校承担起向社会输送复合型农林语言服务人才的责任,属于核心层,通过"农林专业储备＋外语技能"的跨专业培养模式向市场输送应用型人才;农业"走出去"企业属于语言服务业的相关层,其业务开展只是部分依赖于语

[①]《高等学校乡村振兴科技创新行动计划(2018—2022 年)》是中华人民共和国教育部为了组织和引导高等学校深入服务乡村振兴战略而发布的一个文件。(https://www. gov. cn/xinwen/2019-01/04/content_5354819. htm)

[②] 穆雷. 面向国际语言服务业的翻译人才能力特征研究[J]. 2017(1):8-16.

言间的信息转换。

王立非认为,语言服务学科具有明确的人文社会科学属性,跨语言应用能力是其学科内核。[①] 尽管语言服务也包含口笔译,但语言服务学科是语言学与信息科学、社会学、传播学、经济学、标准科学等知识领域的交叉学科,这就明确了语言服务人才跨学科能力构建的必要性。然而,这并不意味着两个学科或专业的简单叠加,而是有机交叉融合。同时,从"语言服务"这一名称也应当看到,在中国不断提升对外传播能力、跨国交流合作的背景下,"语言服务+知识产权""语言服务+外宣""语言服务+法律""语言服务+中医""语言服务+农业"等跨学科融合模式已然成为外语教学、学习及市场需求的新趋势。

中国是一个农业大国,农林语言服务在本国农业产业发展及跨国农业科技交流方面,都发挥着不可或缺的重要桥梁作用。涉农高校在学科上以农业、林业和生命科学为优势,在人才培养方面,更应该利用本校的学科优势,凸显学校特色,进而使农林高校毕业生具有不可替代的就业竞争力。因此,涉农高校的外语学科培养具有国际交流能力的"农业+外语"复合型语言服务人才,越来越成为我国目前农业院校教育面临的紧迫任务。

7.2 不同领域的农林科技语言服务

7.2.1 农业"走出去"视域下的农林科技语言服务

农业"走出去"是我国推进高水平对外开放经济体系下保障国家粮食安全的重要战略部署。[②] 首先,农业"走出去"是我国资源环境压力下保障粮食安全的重要手段。我国人多地少,农业资源稀缺,当前绿色农业发展的转型要求迫切,农业"走出去"可以缓解国内资源环境承载压力,保障农产品供给和生态环境的可持续发展。其次,农业"走出去"是农业供给侧结构性改革的必然要求。通过参与全球粮农资源配置,深度参与全球产业分工与合作,调和国内市场供需矛盾,实现农业产业降本增效和技术创新,提升国际竞争力。最后,农业"走出去"也是开展农业外交、塑造国际形象的必要途径。通过农业"走出去"积极改善外部环境和稳定经贸关系,践行"合作共赢"的大国外交理念。农业"走出去"对保障国家粮食安全、构建国内国际双循环新发展格局、推动中国式农业农村现代化有重大意义,同时也是我

---

① 王立非. 从语言服务大国迈向语言服务强国[J]. 北京第二外国语学院学报,2021(1):3-11.
② 谢超平. 全球农业贸易治理与中国粮食安全[J]. 农业经济问题,2022(11):4-17.

国农业企业主动融入全球农业产业链、供应链和价值链的良好机遇。

我国农业"走出去"大致经历了四个阶段,即改革开放前以国家对外援助为主的起步阶段、改革开放后的摸索过渡阶段、加入WTO后的快速发展阶段和党的十八大以来全方位拓展的战略阶段。

自新中国成立起,我国便以援助方式无偿开展农业对外合作。援助内容涉及提供物资、援建项目和技术合作,援助对象包括越南、朝鲜等发展中国家以及部分亚非、拉美国家。截至20世纪60年代末期,我国已先后向30多个国家提供农业援助。20世纪70年代,我国恢复联合国合法席位,进一步拓宽了农业援外范围,先后派出600多名农技专家前往塞拉利昂、卢旺达等12个非洲国家开展援助,取得了良好成效。从改革开放后的摸索过渡阶段到加入WTO的快速发展阶段,我国农业"走出去"政策宗旨、管理方式和发展目标经历了从严格约束向鼓励支持、从单一管理向系统配套、从以推动高速增长为主向实现高质量发展的转化历程。

同时,我国农业"走出去"的投资主体逐渐由原来的政府向企业转变,资金来源从仅依靠国家财政向金融机构和企业等多方共同出资转变,中国企业也实现了从最开始通过承担农业援助项目方式"走出去",到主动探索、自主"走出去"以及形成两者兼备的方式的转变。党的十八大以后,农业进入对外开放新阶段,愈发成为政治外交的重要议题和资源优势,中国农业对外投资也逐渐过渡到战略顶层对接的全方位拓展阶段,农业"走出去"步伐更加坚实。

在近百年农业"走出去"的征途上,语言服务的重要性不言而喻,是国际合作的重要途径。提升国家的语言服务能力,可以促进国际合作,扩大国际影响力,为国家的对外关系发展创造更好的条件。

7.2.2 南南合作项目里的农林科技语言服务

中国一直是为联合国粮农组织(Food and Agriculture Organization of the United Nations,FAO)农业南南合作的重要引领者和贡献者。在共建"一带一路"倡议框架下,中国与共建国家和地区加强农业合作,助力当地提升农业生产能力,并围绕粮食减损的关键环节加强技术、工艺、装备等方面联合研发,为共同促进农业发展、维护粮食安全作出贡献。中国专家和技术员在农田水利、农作物生产和农产品加工等领域向东道国示范推广实用技术1000多项,超过100万当地农民从中受益。

1996年,FAO提出帮助低收入和粮食不足国家发展农业的"粮食安全特别计划",在世界粮食首脑会议上获得通过,南南合作是实现该计划的主要途径。在该框架下,FAO通过筹集资金并进行相应管理,由农业发展水平较高的发展中国家派遣专家和技术人员到农业发展水平相对较低的发展中国家,指导当地农民进行农业生产,提高东道国的农业发展水平。据了解,中国是最早参与FAO"粮食安全特别计划"框架下南南合作的国家,也是第一个与FAO建立南南合作战略伙伴关系的国家。

2018年11月,农业农村部部长韩长赋在全球农业南南合作高层论坛开幕活动上表示,中国积极履行国际义务,已成为发展中国家中对FAO南南合作出资最多、派出专家最多、成效最显著的国家,是FAO南南合作的重要引领者和贡献者,中国参与农业南南合作的方式与成效日益受到国际社会的广泛关注和赞誉,带动项目地区水稻、玉米、水果、蔬菜等农作物平均增产30%～60%,成为农业多边合作的典型模式,显示出强劲的发展潜力。

中国与南南合作参与国家开展的农业领域合作成为一大亮点。其中,由商务部主办、农业农村部对外经济合作中心承办的援外项目,持续为相关发展中国家培训农业管理和技术人员,成为中国推进农业国际合作的先锋。

以安徽省为例,作为有名的农业大省,安徽是中国农村改革发源地,改革开放后农业获得了长足发展,并且涌现出一批有实力的农业企业。非洲幅员辽阔,水热条件较好,农业用地资源丰富,但因技术落后和基础设施匮乏,农业已成为其社会经济发展的严重制约因素。因此,安徽同非洲开展农业合作不仅有助于安徽农业实现国际化发展,对于非洲国家同样具有重要的社会经济意义。

自2000年"走出去"战略被正式提出以来,中国及地方政府大力支持国内农业企业通过参与对外援助、开展对外投资等方式"走出去"。2014年,中央一号文件明确提出"加快实施农业走出去战略……支持到境外特别是与周边国家开展互利共赢的农业生产和进出口合作"。2016年,国务院办公厅印发《关于促进农业对外合作的若干意见》,首次在国家层面对农业对外合作进行了系统部署。地方政府根据中央的战略部署,因地制宜制定了省内企业的农业"走出去"战略。例如,安徽省政府出台了相关文件,支持农业企业和行业组织开展境外直接投资和跨国经营,并规定从2012年起,安徽省财政"走出去"专项资金中的20%用于支持农业。此外,安徽省还开展了对津巴布韦的"一省包一国"农业合作政策,与津巴布韦官方和当地农业部门达成紧密的交流合作。

为响应国家方针政策,在培养优秀的复合型、应用型农林毕业生的同时,安徽农林语言服务也体现在为一众农林专家把好语言关,为他们无障碍、高效地投入中国农业"走出去"战略建设中,提供持续坚实的语言培训服务。安徽农业大学外国语学院自2010年以来,受安徽省农委委托,发挥学校的农林优势,先后承办了十三期安徽省"南南合作"农业英语专项培训,为"南南合作"事业培养了大批优秀人才。培训有侧重点地把英语的听、说、读、写、译与农林专业知识相结合,以听、说为核心,结合农业专家们的专业知识,有针对性地提供农林语言服务。目前,已累计培训省内外"南南合作"外语人才共计500多人次,分别派往尼日利亚、安哥拉、津巴布韦、马里、塞内加尔、加蓬、刚果金、埃塞俄比亚等10多个国家100多人(次)执行援外任务,为保障当地农业生产和粮食安全起到了重要作用,受到我国驻外使馆和农业农村部表扬,也受到联合国粮农组织和受援国政府的高度赞扬。

7.2.3 "一带一路"倡议中的农林科技语言服务

"一带一路"倡议缘起于国家主席习近平2013年9月访问哈萨克斯坦提出的"丝绸之路经济带"与2013年10月出席亚太经合组织(APEC)领导人非正式会议期间提出的"海上丝绸之路"。2015年3月,国家发展改革委、外交部、商务部联合发布了《推动共建丝绸之路经济带和21世纪海上丝绸之路的愿景与行动》[1],更是将"一带一路"倡议发展推向了高潮,深化与扩大了该倡议在各相关行业领域的发展,其中农业是重要的行业领域之一。2016年4月与7月,教育部相继出台了《关于做好新时期教育对外开放工作的若干意见》[2]与《推进共建"一带一路"教育行动》[3]等文件,指出作为人才供给与智力服务的重要阵地,高等院校应在"一带一路"中扮演重要角色。2017年5月,农业部等四部委发布了《共同推进"一带一路"建设农业合作的愿景与行动》[4],明确了农业合作与发展在"一带一路"倡议中的重要地位。

2018年9月3日,中非合作论坛北京峰会在习近平主席的亲自主持和引领下,取得圆满成功。中非双方密切沟通,精诚协作,中非合作峰会达成一系列具有深远影响和重要意义的成果,其中最主要的是中非双方一致同意构建更加紧密的命运共同体,非洲国家积极支持并踊跃参与共建"一带一路",非方高度赞赏中方为下一阶段中非务实合作提出的"八大行动",是中非加强团结合作、促进共同发展的一座历史丰碑。

中国对非援助成为中非友好关系持续发展的一大特色,援非农业专家为当地农业经济发展作出了卓越贡献。为这些专家提供翻译等语言服务的人才,除了具备良好的语言素养外,还必须具备一定的农林知识储备。"讲好中国故事"的新形势下,中国在切实做好对非援助的同时,更需加强民族之间的交流,以语言为桥梁,讲好援非故事,边做边讲,做讲结合,因此高校培养的外语人才也应顺应时代发展的要求并具备国际视野。

---

[1] 人民网. 推动共建丝绸之路经济带和21世纪海上丝绸之路的愿景与行动[EB/OL]. (2015-03-29)[2024-04-10]. http://politics.people.com.cn/n/2015/0329/c1001-26765454.html.

[2] 中华人民共和国教育部. 中办国办印发《关于做好新时期教育对外开放工作的若干意见》[EB/OL]. (2016-04-30)[2024-04-10]. http://www.moe.gov.cn/jyb_xwfb/s6052/moe_838/201605/t20160503_241658.html.

[3] 《推进共建"一带一路"教育行动》是2016年7月13日教育部印发的政策性文件。该文件作为《关于做好新时期教育对外开放工作的若干意见》的配套文件,作为国家《推动共建"一带一路"愿景与行动》在教育领域的落实方案,将为教育领域推进"一带一路"建设提供支撑。

[4] 中华人民共和国农业农村部. 共同推进"一带一路"建设农业合作的愿景与行动[EB/OL]. (2017-05-12)[2024-04-10]. http://www.moa.gov.cn/xw/zwdt/201705/t20170512_5604724.htm.

对高校来说,"一带一路"倡议带来的最直接的挑战则聚焦于人才供给与智力服务。与此同时,我国高等农林院校基本都开展了外语教育。培养具有国际化视野与交流能力的农林专业技术人才或具有农林素养的专业性外语人才,即培养农林科技语言服务人才,是当下国际农林全方位合作的必需要素。

7.3 农林科技语言服务人才的培养

如前所述,近年来以翻译为核心的语言服务行业迅猛发展。国际著名语言行业调查机构 Common Sense Advisory 在《2022 年语言服务市场报告》中称,全球语言服务行业市场需求达 650 亿美元,并且在未来仍将继续呈现增长趋势。由此可知,语言和翻译服务行业市场潜力巨大,人才需求较多。

作为语言服务人才培养的主体,国内部分外语院校率先做出了积极回应,在学科设置和教学理念上采取了相应的转变和调整措施。部分高校实施了"英语+其他学科"的培养模式,如"英语+新闻""英语+法律""英语+科技"等,但总体来说,涉农语言服务人才在数量和质量方面都远低于市场需求。事实上,农林科技语言服务人才是乡村振兴的中坚力量,对此类人才的培养决定着我国未来农业发展的高度,关系着我国农业现代化的进度,亟须学界更多关注。

7.3.1 农林科技语言服务人才培养的意义

高等学校作为语言服务人才培养的主体和农业科技创新力量的来源地,应抓住历史机遇,紧密对接国家和区域发展需求,主动融入变革、适应变革,在服务农业强国战略、全面推进乡村振兴中发挥优势。

1. 培养涉农语言人才,服务国家振兴战略

中国是农业大国,农业产业经济不断发展,经贸往来、文化交流中的语言服务体量日益增长,对具有国际交流能力、志在服务乡村振兴的"外语+农业"复合型语言服务人才需求与日俱增,人才培养的问题亟待解决。以外语为底色,兼具农业特色的通识型、创新型跨学科语言服务人才,通过参与乡村振兴建设、服务涉农涉外企业等多种形式来贯彻乡村振兴战略的部署要求,是乡村振兴不可或缺的主要力量。

从地区层面来说,"语言服务"转向是高校服务社会、服务地方经济发展的需要。高校语言服务人才培养应与地区经济相适应,兼顾所在区域产业分布特征,对本土化外语人才培养需求进行研究,以实现其社会服务功能并在专门领域为地方经济培养语言服务人才。以联合国粮农组织为例,该组织在计划执行的语言政策

部分明确提出,对语言工作者除语言外的其他素养如粮农专业知识有相应需求。因而,以地方经济需求为中心,优化外语专业结构,顺应行业发展新趋势是高校主动为地方经济发展服务的关键环节。

从国家战略层面来说,农林科技语言服务人才的培养也是服务国家"一带一路"倡议和实现文化"走出去"目标的首要路径。以茶产业为例,"中国传统制茶技艺及其相关习俗"列入人类非物质文化遗产代表作名录,但是调研结果表明,中国的茶叶出口总量在国际市场中的占有量并不是第一,中国茶文化在世界文化大舞台的音量,和中国拥有的茶叶资源、地理优势、科研力量的体量相比而言,对应的文化传播力、影响力严重失衡。当前,世界正处于百年未有之大变局,实现"语言服务"转向,对接国家战略需求,培养国际化语言服务人才,促进中外沟通交流,实现国家文化良好传播,对提升我国综合国力和全球治理能力均有重要意义。

2. 讲好农村乡土故事,服务农耕文化传承

作为中国传统文化的底色和根脉,中华优秀农耕文化具有深厚的历史底蕴,其中蕴含的道德规范、行为准则、价值观念、思想智慧和精神品质有助于人才知识结构的塑造、价值观念的形成和人文素养的提升,是增强民众道德品质和文明精神的力量之源,体现了中国优秀传统文化的魅力。优秀传统文化能起到铸魂作用,需要"深入挖掘、继承、创新优秀传统农耕文化蕴含的思想观念、人文精神、道德规范"。

讲好以渔樵耕读为代表的农村乡土故事,是讲好中国故事与构建人类命运共同体对外话语体系的核心内容。在架起连接中西农业文明交流的重要桥梁、实现中国性与世界性相结合、建立"文化自觉与文化自信"的环节中,对外传播必不可少,语言服务的重要性毋庸置疑。农耕文化的对外传播是继承与创新中国优秀文化的重要践行路径,同时也是国家战略实施的落地环节,要确保优秀农耕文化在融入中传承、在传承中创新、在创新中发展,增强民族意识,厚植爱国情怀,实现文化强国。

3. 借鉴国际有效经验,服务农村产业繁荣

从国际社会来看,乡村振兴是一项全球性的发展任务,农林科技语言服务人才可以借助自身的语言优势,总结和借鉴发达国家乡村振兴的理论模式与作用机制等国际经验,服务乡村振兴战略的全面实施。如美国立法先行、注重基建的城乡共生发展模式,英国多主体、共生型的治理发展形态,日本多样态、立体化的产业融合发展模式,德国资源共享、区域一体的城乡共生发展模式,法国依托政策、三产融合、强化人才的多维度、深层次、高标准的综合型发展模式等,均可以成为中国乡村振兴发展借鉴的对象。

从国内现状来看,农村、农民仍是共同富裕进程中的短板,必须把促农增收问题摆在突出位置,加快产业发展、实现城乡融合,这样才能消除城乡之间的差距。农林科技语言服务人才能够提供相应的语言服务,精准对接农村跨境电商发展的需求,助力农村区域产业走向国际化,甚至还可以开设课程为跨境电商的从业人员进行语言和技能培训,带动乡村跨境电商发展,真正实现农村、农民的共同富裕。

7.3.2 农林科技语言服务人才培养的路径与展望

要想在创新实践方面实现突破,必须着力提升学生的创新力,使语言教育与语言服务需求紧密挂钩,与时俱进,具体包括调整人才培养目标、推进语言服务课程供给侧结构性改革、加强校企双向合作、服务农林科技经济发展,完善行业管理机制、加强应用型语言服务人才培养等方面的举措。

1. 调整人才培养目标,推进语言服务课程供给侧结构性改革

语言服务行业的发展为外语人才的培养指明了新的目标。语言服务人才的培养质量与课程设置紧密相连,构建合理的、适应社会需求的教学内容和课程体系的前提是教学目标的设定。农林科技语言服务人才培养目标,应从训练语言技能转向提升综合素质,将"拓宽基础、多元培养、打破壁垒、促进融合"作为教学改革的基本原则。学生应当懂农业、懂农村,具有中国情怀和世界视野,更多关注农业现代化、农村经济、乡村振兴等问题,立足当地、面向全国,服务国家战略和区域发展需求,具有社会责任感、创新意识、创业精神和良好的实践能力,能够在农业文化传播、农业科技交流等领域从事教学、翻译、外宣、研究等语言服务工作。

例如,安徽是全国重要的茶叶主产省之一,为了助力茶产业持续做大做强,可以在传授语言技能的基础上,整合茶业学科和外语学科的课程资源,推出"茶叶＋外语"的涉农特色课程、农林 ESP 课程,完善以外语为底色、兼具农业特色的通识型、创新型、跨学科人才培养课程体系。在课程设置上,可挖掘农耕文化内在资源,适当增设如"中国农耕故事漫读""中华传统农耕文化"等理论课程,增进学生对农耕文化研究的认同。

考虑到语言服务的实践性特点,除了理论课程的增设,学校还可设计更多的实习实训课程,将农业试验站、农业示范园等作为实训基地,学生可通过部分课程如同声传译与商务口译等巩固所学知识技能。在这些实训基地建立语言类智慧服务中心,组织开展专业技能实习,为外语类学生提供更多接触农业的机会。通过此类实习实训课程的学习,学生不仅能够借助翻译等语言训练形式内化知识、强化技能,还可以了解国家农业产业与区域农业发展前景,开拓视野、拓宽思路。

2. 加强校企双向合作,服务农林科技经济发展

在对各涉农高校外语专业校企对接的实习就业基地进行调研时发现,多数院校的实习形式以企业翻译(如本地化翻译、专利翻译等)、平台教育(如学而思网校、新东方教育科技集团等)为主,将农林类企业作为实习单位的此前甚少。事实上,随着农林科技领域的不断发展,会产生越来越多语言服务人才的用人需求。因此,学校要敢于将人才向农业类企业引导,不能局限于教育、文化类领域;要善于向农业类企业强调"外语＋农业"复合人才的重要性,创造企业需求,这在帮助企业拓宽

市场的同时,也强化了学生实践能力的培养,为语言类人才创造就业。

学校应重视校企合作,建立双方交流渠道,搭建多方交流平台。一方面,可以通过开设校友论坛等系列活动,邀请从事语言服务行业的优秀校友走进校园分享就业心得和经验,让学生明确奋斗方向。另一方面,高校应主动积极访企拓岗,为学生发掘创造更多到企业实践的机会,在为相关企业提供定向专业人才的同时,也为地方区域经济发展作出贡献。并且,学生到对口企业实习的环节,承接项目案例或翻译文件等实战能力的历练,能够帮助学生把握社会的发展动态,知晓语言服务市场的前沿。

3. 完善行业管理机制,加强应用型语言服务人才培养

语言服务市场上,相当一部分翻译工作发生在主要西方语言环境下,涉及英语、法语、德语等。与此同时,有相当的翻译工作要求应聘者掌握两门非英语外语。此外,翻译市场上还有不少岗位涉及地区方言、少数民族语言或手语翻译。因此,高校应拓宽视野,锐意改革,尝试开设多语种复合型语言专业,开展复语翻译教学,进行多语互译练习,努力培养出精通中文和多门外语的语言人才。

中国翻译协会发布的《2022中国翻译及语言服务行业发展报告》显示,行业标准化建设稳步推进,行业规范化管理水平进一步提升,行业标准助力企业高质量发展。围绕翻译服务、人员基本能力要求、翻译技术、供应商选择、翻译计价、翻译培训等方面,中国翻译协会已牵头组织编制5部国家标准、18部团体标准及行业规范。为了进一步完善语言服务市场机制,改进语言服务水平,为高素质专业人才提供发展空间和上升渠道,应提高语言服务行业准入门槛,加强对语言服务从业人员工作经验和学历要求的重视,促使翻译人才接受相应的专业教育。农林科技领域专业知识的叠加,能够解决语言服务人才培养同质化的问题,使语言专业毕业生能更好适应语言服务市场需求,提升语言服务行业的整体水平,增强语言服务企业的国际竞争力。

当然,无论是什么领域,语言服务最看重的依然是语言行业从业者基本的语言能力,因此打好扎实过硬的语言基本功仍是语言学习者的中心任务。并且,随着翻译技术的发展,翻译已经从传统手工作坊式作业演化到现代工业化大生产,语言服务行业应积极顺应翻译职业化和产业化发展潮流,因此对计算机操作和翻译软件运用提出了明确要求,要重视翻译人员翻译技术能力、译后编辑能力的培养。人才培养的关键在于各领域协同发展,激发每个主体的内在力量,做好制度保障和政策支持,构建长期稳定发展机制,为社会发展和国家建设提供持续动力,实现农业科技国际交流和农业文化对外传播,提升我国农业在国际舞台上的影响力和话语权。

第8章 农林科普与学术翻译

8.1 农林科技文体的定义与分类

科技文体包罗万象。理论上,任何涉及科技的书面体和口语体都属于科技文体。根据语言学家韩礼德(Halliday)构建的语域理论,系统功能语言学中,语域(Register)是语场(Field)、语旨(Tenor)、语式(Mode)组成产生的语义集合[①]。简单来说,语场指谈论的人、事、物,语旨指谈话参加者的各种情况,语式指话语所选用的载体、渠道。科技文本表述的内容虽都与科学技术相关,但其语场、语旨和语式都不尽相同甚至大相径庭,可划分为不同的类型。

科技文体语域层次多,可粗分为两大类:普通科技文体和专用科技文体。普通科技文体主要包括两个方面:科普文章(Popular Science/Science Article)和技术文本(Technical Prose/Document)。普通科技文体的语场是大众科技知识、说明产品的使用方法等,语旨是内行对外行(Scientist/Journalist-to-layperson Writing),语式采用自然语言,偶用人工符号[②]。普通科技文体的目的是要把科学道理说清楚。其中技术文本称得上是"prose"——涵盖了产品操作指南和使用说明书、建议书、可行性报告书、项目进度报告等,其目的是将信息阐述明了,因而普通科技问题语言大多简洁生动、句式简单,且经常使用修辞手段,正式程度较低。相比之下,另一类专用科技文体正式程度较高。其语场包括基础科学理论、技术性法律条文、科学技术研究等,语旨是专家写给专家看的(Expert-to-expert Writing),语式以人工语言为主,辅以自然语言。专用技术文本的语言一般较晦涩,用词正式、句式严谨、行文规范、逻辑严密,外行人比较难以理解。

作为科技文体的一种类型,农林科技文体涉及农林信息和知识的书面体和口语体,也同样存在多层次语域,覆盖范围广泛。在此,我们参照科技文体的分类,根据语域理论和文体的正式程度,粗略地将农林科技文体分为两大类:农林科普文体

[①] Halliday M A K, Hasan R. Language, context and text: aspects of language in a social-semiotic perspective[M]. Victoria: Deakin University Press, 1985:38-39.

[②] 方梦之. 英语科技文体:范式与翻译[M]. 北京:国防工业出版社,2011:160-161.

和农林学术文体。农林科普文体的正式程度较低,具体包括农林科普文章、农林科技新闻及农林产品操作和使用说明书等。农林学术文体的正式程度较高,指的是农林科技论文、农林类专利说明书、技术指南和农林类报告等。

8.2 农林科普文体的特点与翻译策略

8.2.1 农林科普文体的特点

农林科普文体隶属于科技文体,面向大众,旨在普及农林知识,传达农林科技新信息。这种文体是公众接触最多的,是离公众最近的。从报章小品到科普杂志,从日常生活的农林知识到国内外农林科技新动态的介绍均属农林科普范畴。无论是农林科普文体的写作还是翻译,都应兼具科学性、通俗性和文学性。

下面我们通过几个科普文章的段落来分析说明。

例 8-1　Tomatoes come in a dizzying array of shapes, sizes and flavors—and a new study uses state-of-the-art DNA-sequencing technology to finally trace the genetic underpinnings of these differences. The comparison of 100 tomato varieties' genetic sequences reveals more than 230000 variations within their DNA.

参考译文:番茄有很多不同的形状、大小、味道,令人眼花缭乱。在一项新的研究中,科学家利用最先进的 DNA 测序技术,最终追溯到了导致这些差异的遗传基础。对 100 个番茄品种遗传序列的比较发现,其 DNA 竟出现了数量多达 23 万种突变。

这是有关番茄基因种植科普文章中的段落。可以看出,该段用词上以普通词汇为主,两句话均采用了主动语态、简单句或并列句。

例 8-2　If you were dropped into virtually any region of North America 56 million years ago, you probably would not recognize where you had landed... But that was about to change, with the spread and extraordinary diversification of what would eventually become some of the most ecologically and economically significant woody plants in the world: the acorn-bearing, wind-pollinated trees we call oaks.

参考译文:如果你被丢进 5600 万年前的北美洲,无论落到哪个区域,你恐怕都认不出自己的落脚点……但是,这种情况即将发生改变。橡

树——一类结橡子的风媒树——开始扩散并快速分化,最终演化成为世界上最具生态和经济价值的木本植物。

例 8-3 Do you want it locally grown, water-saving and pesticide-free? Urban agriculture might suit you, with a little help from gene editing. Zachary Lippman's team has already succeeded with Solanaceae fruit crops, optimizing tomatoes and ground-cherries for indoor production.

参考译文:你想要当地种植的、节水的、无农药的(水果)吗?只要有基因编辑的帮助,城市农业就可能满足你的需求。Zachary Lippman 的团队已经成功地种植了茄科水果作物,优化了室内生产的番茄和樱桃。

为了创造通俗的文风,科普文章经常会通过各种手段来缩短阅读距离,比如例 8-2 中通过假设一个虚拟的情景,使用人称代词,制造对话,拉近与读者的距离。例 8-3 中通过提出一个与读者生活相关的问题,激发读者的阅读兴趣,也使得语言表达更加生动活泼。

例 8-4 Genetic modification offers, in theory at least, a more rapid and precise way of incorporating new traits into crops. Several stages are involved. First an organism must be found with the desired characteristics. The second stage is the isolation of the gene responsible for producing the desirable trait in the donor organism, which is done by using restriction enzymes to cut its DNA at the desired location. This gene is then cloned—copied many times—before being inserted into the target plant using a "gene gun" or a bacterium. Using a gene gun means attaching the cloned genes to tiny metallic particles which are then inserted into the target plant cells under high pressure so that the donor DNA is integrated into the DNA of the target plant inside its cell nuclei. It sounds rather crude, but it has been used successfully, especially for monocotyledon crops such as wheat or maize.

参考译文:转基因至少在理论上提供了一种将新性状融入作物的更快速也更精确的方法。这涉及几个阶段。首先,必须找到一个具有所需特性的生物体。接下来,在供体中分离出负责产生理想性状的基因,这是通过使用限制酶在所需位置切割其脱氧核糖核酸(DNA)来完成的。然后,在使用"基因枪"或细菌将该基因插入目标植物之前,对其进行克隆,即多次复制。使用基因枪是指将克隆基因附着在微小的金属颗粒上,然后在高压下插入目标植物细胞,使供体 DNA 整合到目标植物细胞核内的 DNA 中。这听起来很粗略,但已经被成功运用了,特别是在小麦或玉米单子叶作物上。

这是有关转基因生物的科普文章段落。原文用词准确严谨,长短句交错使用,清晰地阐明了转基因的原理与方法。为了使晦涩难懂的科学知识简单易懂,作者使用了带有隐喻意义的专有名词"基因枪"(gene gun),而不是"生物弹道技术"(Biolistic Technology)或"微粒轰击技术"(Particle Bombardment Technology)来说明操作过程,更加易于普通大众理解抽象深奥的转基因原理。

从上述几例中可以看出,尽管农林科普文体因阅读对象不同,写作内容深浅程度不同,有低级、中高级科普文章之分,在文体的正式程度上也会有所不同,但总体而言,农林科普读物中通常采用自然语言,很少用人工符号,常用修辞格,与普通文体的语言并未有太多不同,只是农林科技词汇较多而已。

值得我们注意的是,长期以来,名词化结构、被动语态被视为科技文体的语言特征之一。对于部分科技文体来说,确实如此。但倘若谈及作为科技文体之一的农林科普文章,情况就有所不同。为了避免干巴巴的、枯燥无味的、过于正式的表达,主流的科普期刊和杂志都要求作者尽可能地使用第一人称、主动语态,善于运用积极修辞将学术用语转化为普通英语,创造简洁、自然、朴实的文风,使读者产生积极的情感认同,以达到宣传农林科技信息、普及农林科技知识的目的。

8.2.2 农林科普文体的翻译策略

由于农林科普文章的写作目的通常为普及农林方面的知识、传达该领域的科技发展新动态,在翻译这类文体时需要兼具科技文本的翻译方法和文学翻译方法,既要体现科技文本的科学严谨,又要让普通大众喜闻乐见。翻译时应遵循"准确达意,通俗易懂,兼具文采"的基本原则[①]。

1. 忠实原文,准确达意

例 8-5 The type of soil found in any particular location depends upon <u>the parent material</u>, the climate, the topography of the site, the various organisms living in and on the soil, and time.

参考译文:任何特定地点的土壤的类型都取决于<u>母质</u>[②]、气候、所在地的地形、生活在其中和其上的各种有机体,以及时间。

点评分析:科技术语在不同的专业领域中经常会有不同的含义。此例中的"the parent material"如用在焊接工程方面,通常可以翻译为"母材,基体材料",但用在土壤科学中,指的是"形成土层的基本地质材料",一般翻译成"母质"。尽管二

---

① 王振平. 科普著作的文体与翻译[J]. 上海翻译,2006(2):35-38.
② 形成土层的基本地质材料,一般是基岩、表层沉积或冰川沉积。

者的翻译相差并不大,但为了避免误解,同时确保原文的科学性,译者需要勤查字典,谨慎翻译,根据所属专业来确定合适的译文。此外,为了便于读者理解,译者还增加了脚注,给出了简单的定义和阐释。

例 8-6 Before the introduction of chemical herbicides farmers and their workers would go through a crop with hoes, or pull out weeds by hand, and for high-value seed crops with fairly light weed infestations this is still sometimes done today. One of the reasons for inventing the seed drill, which planted seeds in rows, was that it was then easier to hoe between the rows with a horse-drawn hoe, as Jethro Tull argued in his book *Horse-Hoeing Husbandry* (1733), and crops with widely spaced rows, in which it is easier to employ inter-row cultivations, are often called "cleaning crops".

参考译文:在采用化学除草剂之前,农场主及其工人们会用锄头清理作物,或者用手拔草,对于杂草侵袭相当轻的高价值种子作物,现在有时仍会这样做。条播机可以成行播种,正如杰斯罗·塔尔①在其《马耕畜牧》(*Horse-Hoeing Husbandry*,1733 年)一书中所论述的那样,发明这种机器的一个原因是,当时用马拉锄头在行间锄草比较容易,而易于行间耕作的宽行距作物通常被称为"抑草作物"。

点评分析:这个段落讲述的是作物种植过程中杂草防治的策略。段落末尾"cleaning crops"并不是专业术语,如果按照字面意思理解,将其翻译成"清洁作物",通常会令人费解。根据这段文字的主旨联系上下文,我们不难发现原作者表述的是宽行距耕种、易于用马拉锄头在行间锄草的一类作物,因而翻译成"抑草作物"更加符合原作者的意图。

科普知识覆盖面广,译者在翻译时难免会碰到理解不清或难以确定原文意思的地方。译者在翻译时,除了要勤查字典、查证文献、求教他人,还要仔细阅读原文,结合文章主旨、语法关系、上下文语篇意义来确定作者想表达的意思,尽可能地做到译文忠实原文、准确达意。

2. 晓畅明白,通俗易懂

例 8-7 Consider an egg. Agriculture is about the getting a hen to lay the egg. It's also about producing the raw materials for other things that you might eat with it, such as bread and butter.

参考译文:想象你的面前有一个鸡蛋。农业研究的就是如何让母鸡下蛋。还有就是搭配鸡蛋吃的其他食物的原料生产,比如面包和黄油。

---

① 杰斯罗·塔尔(1674—1741),英格兰伯克郡的农业先驱,为英国农业革命作出了贡献。

点评分析：将农林科学概念通俗化，使其变得简单明了、生动有趣，是农林科普文体的重要功能之一。为了贴近读者，此例中，译者对原文中的人称代词的位置做了调整：在文章一开始就制造互动——"想象你的面前有一个鸡蛋"，这样一来，读者很容易就被吸引，增强了文本的可读性和趣味性。

例 8-8　Before germination most seeds are resistant to cold and drought stress and can often survive for long periods. Those in the Svalbard Global Seed Bank, for example, are kept in a disused mine at below-zero temperatures in the permafrost.

参考译文：在发芽之前，大多数种子都能抵御寒冷和干旱的压力，并且往往可以长期存活。例如，斯瓦尔巴全球种子库①中的种子就保存在温度零下一口废弃矿井中的永久冻土里。

点评分析：为了说明种子的抗寒和抗旱能力，原作者举了一个实例——斯瓦尔巴全球种子库中的种子长久保存在冻土里。考虑到译文的普通读者对于斯瓦尔巴全球种子库可能不太熟悉，为了消除陌生感，译者在脚注中对其进行了简单的说明，介绍了斯瓦尔巴全球种子库的创建者、地理位置、创建目的和地位等。例 8-6 也是通过增加脚注的方式，对目标读者可能陌生的人物（杰斯罗·塔尔）进行阐述，增加文本的可读性，从而达到科普的目的。

例 8-9　How do farmers capture the energy in sunlight and make it available so that you, the reader, have the energy to turn the pages of this book? They employ plants containing chlorophyll, which is the stuff that makes plants green. It absorbs radiation which provides the energy to drive a series of biochemical reactions within the leaves which take carbon dioxide (CO_2) from the air and combine it with water taken up by the roots to make simple carbohydrate molecules—sugars—and release oxygen(O_2). The process is called photosynthesis.

参考译文：农民如何捕捉阳光中的能量，并使之可用，从而使诸位读者有力气翻开这本书的书页？他们利用了含有叶绿素的植物。叶绿素是让植物变绿的物质，它能吸收辐射，从而提供能量，推动叶子内部的一系列生化反应，从空气中吸收二氧化碳（CO_2），使之与根部吸收的水结合，制造简单的碳水化合物分子——糖——并释放氧气（O_2）。这个过程叫作光合作用。

点评分析：作为科技文本的一类，农林科普文本在阐述科技知识和原理时会使

---

① 挪威政府在北冰洋斯瓦尔巴群岛上建造的非营利储藏库，用于保存全世界的农作物种子，是全球最大的种子库。

用较普通文本更长、更复杂一些的句式。在英译汉时,要充分理解原文中的逻辑关系,既要准确表达原文的意义,也要考虑汉语的句式特点,灵活处理,进行重构改写,尽可能地使译文通俗易懂。此例讲述了叶绿素在光合作用中的功能。原文中句式较长,且含有多个定语从句和非谓语动词。在翻译时若是将这些部分前置,译文势必会生硬难懂。因此,译者充分考虑了汉语的表达习惯。通过重复"叶绿素"将第二句的定语从句独立成句。第三句中的定语从句均省略不译,用流水句来自然连接各部分,符合汉语读者的习惯,增加了可读性。

3. 生动有趣,兼具文采

例 8-10 As communications improved, farmers elsewhere realized that they could improve their own stock by using those from another area. In the 18th century, for example, farmers in the northeast of England imported bulls from the Netherlands which "did much service" in improving local cattle.

参考译文:随着交流的日益增加,外地的农民意识到,他们可以使用其他地区的牲畜来改良自己的畜群。例如,在18世纪,英格兰东北部的农民从荷兰进口公牛,这些公牛对于当地牛群的改良"功不可没"。

点评分析:此例中,原文作者运用了拟人的手法来形容引进的牛群对于当地牛群的改良大有帮助。"did much service"语言诙谐幽默,在翻译时,如果简单地将其译为"起了很大作用",尽管意思大同小异,但表达的效果却大相径庭,"功不可没"则基本还原了拟人的手法。我们在翻译此类文学修辞时,要尽可能地保留原文的文学意象,生动形象的语言更有利于科学知识的传播。

例 8-11 It (wood frog) spends its winter interned in subzero sleep, its tissues steel rigid, and revives in the spring raring to go. It's the Rip van Winkle of the animal world.

参考译文:冬天,它(林蛙)的体温降到零度以下,处于休眠状态,器官组织没有任何活动,而到了春天,它就会复活。它是动物界的睡神"瑞普·凡·温克尔"。

点评分析:原作者运用了比喻的修辞手法,将树蛙比喻成"瑞普·凡·温克尔"。"瑞普·凡·温克尔"是美国作家华盛顿·欧文(Washington Irving)创作的著名短篇小说中的人物。一个名叫"瑞普·凡·温克尔"的农民为了躲避唠叨凶悍的妻子,独自到附近的山上去打猎。在喝了伙伴们的仙酒后,就睡了一觉。醒后下山回家,才发现时间已过了整整20年。这个故事在美国家喻户晓,但译文读者未必能了解"瑞普·凡·温克尔",因此在翻译时既保留了原文的文学意象,又通过增译"睡神"来方便读者理解。

例 8-12 A weed is proverbially a plant in the wrong place. Poppies look pretty in the garden but are a problem in a wheat crop... Like weeds, pests are animals in the wrong place. The elephant that looks so magnificent on the plains of the Serengeti is a pest when it tramples through a crop; the rabbit may be welcome to nibble the grass in a woodland glade but not the young wheat on the other side of the hedge.

参考译文:诚如谚语所说,杂草是长错了地方的植物。罂粟花在花园里看起来很漂亮,但长在小麦作物中却是个问题。……和杂草一样,害虫/害兽则是走错了地方的动物。在塞伦盖蒂平原上看起来很有气势的大象,践踏农作物时就是一种害兽;在林间草地上啃草的兔子可能会受到欢迎,但在树篱的另一侧啃食幼麦时就不是了。

点评分析:原文中通过引用一个谚语来定义杂草——"杂草是长错了地方的植物"。在阐述害虫/害兽时,作者用了仿拟的修辞手法来说明"害虫/害兽则是走错了地方的动物"。此外,在举例说明时,作者使用了生动形象的语言来描述"大象"和"兔子"是如何成为"害兽"的。在翻译时,我们也要忠实地将原文的文学手法表现出来。

例 8-13   ... This seems crazy, but it's not a new problem. The porter in Shakespeare's *Macbeth* imagines himself opening the gates of hell to "a farmer that hang'd himself on the expectation of plenty". So how can a wonderful crop lead to a financial loss? If we look at the way in which agricultural markets work we should be able to explain it.

参考译文:……这看似毫无道理,却并不是一个新问题。莎士比亚《麦克白》中的搬运工想象着自己为"眼看碰上了丰收的年头,就此上了吊的农民"打开了地狱之门。那么,令人高兴的收成怎么会导致经济损失呢?如果了解农产品市场的运作方式,应该就能解释这个问题。

点评分析:这段文字的主旨是解释农产品市场受到供需变化的影响。通过引用莎士比亚名著《麦克白》中的片段,容易让读者产生共鸣。这种科技性和文学性相融合的特征在翻译时需要保留。

农林科普文体对译者提出了较高的要求。扎实的外语和中文功底是翻译的基础,而一定的科学常识和文学修养则是一名合格的科普译者的必备条件[①]。农林科普翻译中随处可见丰富多彩的语言表达。好的农林科普文体译文需要译者将原文的科学性、通俗性和文学性忠实地表达出来,既能传播科学知识,又有一定的文

---

① 王振平. 科普著作的文体与翻译[J]. 上海翻译, 2006(2):35-38.

学价值,这样才能达到科普的目的。当然,在翻译的过程中,科学性一定是首位的,绝不能因为美学的目的而牺牲译文的准确性和严谨性。

8.3 农林学术文体的特点与翻译标准

8.3.1 农林学术文体的特点

农林学术文体是专家写给专家看的(Expert-to-expert Writing),正式程度较高,其中农林科技论文的正式程度最高。农林学术文体用词正式、句式严谨、行文规范、逻辑严密。以农林科技论文为例,其具有科技论文的一些共性。词汇方面,农林科技论文中大量使用专业术语,能够准确描述农林科技领域的特定概念、现象和技术,比如遗传工程(Genetic Engineering)、病虫害综合防治(Integrated Pest Management,IPM)、生态农业(Ecological Agriculture)等。为了保持客观性和科学性,农林科技论文中经常使用抽象名词或名词化结构来概括和提炼研究的核心内容,使语言更加凝练和精确。句型方面,农林科技论文中常常使用长句来阐述复杂的观点、分析数据和描述实验过程。此外,农林科技论文中还经常使用被动语态来表达研究结果和观点,因为被动语态能够突出信息本身,避免主观色彩的影响。篇章结构上,农林科技论文也通常遵循一定的结构模式,如引言、正文、结论等部分。这些部分之间逻辑清晰,相互关联,形成一个完整的体系。这种严谨的结构有助于读者更好地理解和把握论文的主旨和要点。

8.3.2 农林学术文体的翻译标准

1. 准确规范

农林科技学术论文的翻译首要的目标是能忠实地传达原文的科技知识或信息。因此,在翻译的过程中务必以准确规范为标准,尤其是在词汇的选择和使用上更是如此。"准确"是指能完整无误地传递信息,这就要求在词义的选择上符合原文意思。"规范"指的是译文中的专业词汇要符合某个专业领域的表达规范,不会产生误解和偏差。

例 8-14　In this study, we used natural and engineered cis-regulatory alleles in a plant stem-cell circuit to systematically evaluate epistatic relationships controlling tomato fruit size. Combining a promoter allelic series with two other loci, we collected over 30000 phenotypic data points from 46 genotypes to quantify how allele strength transforms epistasis. We revealed a saturating dose-dependent relationship but also allele-specific idiosyncratic interactions, including between alleles driving a step change in fruit size during domestication. Our approach and findings expose an underexplored dimension of epistasis, in which cis-regulatory allelic diversity within gene regulatory networks elicits nonlinear, unpredictable interactions that shape phenotypes.

参考译文:在这项研究中,我们使用植物干细胞回路中的天然和工程顺式调控等位基因来系统地评估控制番茄果实大小的上位性关系。我们将一个启动子等位基因系列与另外两个基因座相结合,从46个基因型中收集了超过30000个表型数据点,以量化等位基因强度如何转化上位性。我们揭示了饱和剂量依赖关系以及等位基因特异性特异相互作用,包括在驯化过程中驱动果实大小变化的等位基因之间的相互作用。我们的方法和发现揭示了一个未被充分探索的上位性维度,其中基因调控网络中的顺式调控等位基因多样性引发了非线性的、不可预测的相互作用,这些相互作用,形成了表型。

点评分析:这段文字是关于特异性和剂量依赖上位性影响番茄果实大小变异的学术研究。段落中包含了多个农业科学和生物学的专有名词,如"alleles"(等位基因)、"plant stem-cell circuit"(植物干细胞回路)、"epistatic relationships"(上位性关系)、"idiosyncratic interactions"(特异相互作用)、"phenotypes"(表型)等。"promoter"和"loci"这两个词是多义词,在不同的领域和场景中有不同的语义。"promoter"的语义有"促进者;发起人;催化剂;促进剂"等,但在生物学基因领域,指"启动子",即基因(gene)的一个组成部分,控制基因表达(转录)的起始时间和表达的程度。同样地,"loci"也有多个语义:"确切地点;抽象事物的中心;位点;轨迹"等,查证生物学资料,不难发现"loci"应译为"基因座",也称为"基因位点"或"位点",是指染色体上的固定位置,一个基因座可以是一个基因、一个基因的一部分,或具有某种调控作用的DNA序列。因此,译者在翻译农林科学学术语篇时,要根据专业领域知识多方查证语义,如果缺乏相关专业知识,则有可能错译。

2. 逻辑严密

农林科技学术语篇的逻辑缜密,语篇意义是超出单纯词汇表层含义的。翻译时除了关注词与词之间、句与句之间以及段落之间的表层的衔接成分外,我们还应该考虑原作者的写作意图、语篇的主题以及词间、句间和段落间的语法关系和逻辑关系。只有从整体上把握了原作者的写作思路,才能不囿于原语言的表层表达,翻译出符合目标语读者习惯的、逻辑严密、通顺流畅的译文。

例 8-15 Agriculture and land use are major sources of greenhouse gas (GHG) emissions but previous estimates were either highly aggregate or provided spatial details for subsectors obtained via different methodologies. Using a model-data integration approach that ensures full consistency between subsectors, we provide spatially explicit estimates of production-and consumption-based GHG emissions worldwide from plant-and animal-based human food in circa 2010.

译文1：农业和土地利用是温室气体(GHG)排放的主要来源，但以前的估计要么是高度综合的，要么提供了通过不同方法获得的子部门的空间细节。使用确保子部门之间完全一致的模型-数据集成方法，我们提供了大约2010年全球植物和动物类人类食品基于生产和消费的GHG排放量的空间明确估计。

译文2：农业和土地使用是主要的温室气体(GHG)排放源，但以往的估算要么过于粗略，要么仅提供通过不同方法获得的子部门的空间细节。我们采用模型——数据集成方法，确保各子部门之间的完全一致性，为2010年左右全球范围内植物性和动物性人类食品的生产和消费相关的GHG排放提供了空间明确的估计。

点评分析：这两句的写作目的是指出之前研究的不足，进而说明论文研究的内容和意义，即量化动植物食品的温室气体排放。译文1基本表达了原文的意义，但第一句和第二句之间的逻辑关系并不明了，不易于读者理解该研究的目的。第二句的翻译也没有考虑汉语与英语的逻辑关系和思维方式上的区别，仅仅实现了形式上的对等，读起来令人费解。译文2中第一句通过"过于""仅"等表达出之前研究的不足之处。第二句将人称代词的位置进行了调整，将定语从句分开独立表达，突出了本研究较之前研究的优势，再给出研究的具体内容。

3. 正式得体

原语的一个词、一个词组、一个句子，甚至一个段落，在译入语里可能有几个同义形式。在翻译思维中有一个同义选择的层次。除了语言结构因素（如词性、词语搭配、上下文）之外，译入语的选择与文体有关。选择的目的是使译文得体，得相应文体之体[①]。农林科技学术语篇是正式的文体，一般要选择与之相匹配的专业词汇以及语义严谨、正式客观的表达方式。

例 8-16 Habitat conversion and climate change are fundamental drivers of biodiversity loss worldwide but are often analyzed in isolation. We used a continental-scale, decades-long database of more than

---

① 方梦之. 英语科技文体：范式与翻译[M]. 北京：国防工业出版社，2011:327.

150000 bird nesting attempts to explore how extreme heat affects avian reproduction in forests, grasslands, and agricultural and developed areas across the US. We found that in forests, extreme heat increased nest success, but birds nesting in agricultural settings were much less likely to successfully fledge young when temperatures reached anomalously high levels. Species that build exposed cup nests and species of higher conservation concern were particularly vulnerable to maximum temperature anomalies in agricultural settings. Finally, future projections suggested that ongoing climate change may exacerbate the negative effects of habitat conversion on avian nesting success, thereby compromising conservation efforts in human-dominated landscapes.

译文1：栖息地转换和气候变化是导致全球生物多样性丧失的主要推手，但往往被单独分析。我们利用了一个包含15万多次鸟类筑巢尝试的、长达数十年的大陆级数据库，来研究极端高温是如何影响美国各地森林、草原、农业区和开发区的鸟类繁殖的。我们发现，在森林里，极端高温天气能让鸟类的筑巢成功率增加；但在农田里筑巢的鸟类就没那么幸运了，气温异常高时，它们的小宝宝存活下来的机会就少了很多。而那些筑造杯型鸟巢的鸟类和需要更多保护的鸟类，在农田环境里特别容易受到极端高温天气的影响。最后，从未来的预测来看，气候变化可能会让栖息地转换对鸟类繁殖的负面影响变得更加严重，这对于我们人类来说，想要保护好环境就更加困难了。

译文2：栖息地转换和气候变化是全球生物多样性丧失的根本驱动力，但这些因素通常被孤立地分析。我们使用了一个长达数十年的大陆尺度数据库，其中包含超过 150000 个鸟类筑巢数据，以探索极端高温如何影响美国各地森林、草原、以及农业和发达地区的鸟类繁殖情况。结果发现，在森林中，极端高温会增加鸟类的筑巢成功率，但在农业环境中筑巢的鸟类在温度达到异常高的水平时，成功孵出幼鸟的可能性要小得多。在农业环境中，建造暴露的杯状巢穴和高度保护的鸟类特别容易受到异常高温的影响。最后，我们对未来的预测表明，持续的气候变化可能会加剧栖息地转换对鸟类筑巢成功的负面影响，从而危及人类主导地区的保护工作。

点评分析：这段文字出自有关"农业和高温对美国各地栖息地鸟类的筑巢成功率的影响"的学术论文，行文语体是正式的。译文1虽基本表达了原文的意思，但在选词上过于口语化，主观色彩较明显，与原文不符，如"就没那么幸运了""它们的小宝宝存活下来的机会就少了很多""这对于我们人类来说，想要保护好环境就更加困难了"。译文2比较符合原文的文体风格，选用严谨正式的词汇和句式结构,如"增加鸟类的筑巢成功率""成功孵出幼鸟的可能性要小得多""危及人类主导地区的保护工作"等。需要说明的是,"正式得体"并不等同于译文要采用长难句,而是既要在表层意义上使得源语和译入语一致,又要符合译入语的表达习惯,并能兼顾句子、段落和篇章的和谐统一。

8.3.3 翻译实例

农林学术论文通常遵循一定的结构模式,翻译时需要注意各部分的语言特点。下面我们通过一篇科技论文片段的翻译来说明。

选取的论文片段是中国科学院遗传与发育生物学研究所傅向东团队于2020年2月7日在《科学》(*Science*)杂志上发表的题为"Enhanced sustainable green revolution yield via nitrogen-responsive chromatin modulation in rice"的研究长文,值得一提的是,该论文被 *Science* 杂志选为该期的封面文章(Cover Story)进行重点推荐。论文报道了赤霉素信号传导新机制,及其调控水稻氮肥高效利用的分子机制。该研究成果不但深化了对赤霉素信号传导和植物氮素响应之间复杂的相互作用机制的理解,而且找到了一条在保证粮食产量不断提高的同时,提高水稻氮肥利用效率、降低化肥投入、减少环境污染的育种新策略,从而有助于培育"少投入、多产出"绿色高产高效作物新品种,实现可持续的粮食安全。

1. 摘要的翻译

摘要是科技论文内容的概括和总结,具有提纲挈领的作用。读者阅读论文时,往往先读摘要再决定是否通读全文。摘要一般包括三部分:研究的背景与目的(陈述研究的现状和背景,说明研究的目的和需要解决的问题)、研究的内容与方法(阐述研究的理论框架和原则,说明研究的对象、手段和程序等)、研究的结果与结论(总结研究的结论和价值,以及研究的意义、应用与发展等)。

英文摘要的语言精练,句式结构严密、多用扩展的简单句,用一般现在时居多。在翻译摘要时,译者要做到忠实、准确。对于专业术语的翻译应规范统一、力求精准,对于摘要中的每一句话,都应查阅文献、透彻理解含义后再进行翻译。

例 8-17 Because environmentally degrading inorganic fertilizer use underlies current worldwide cereal yields, future agricultural sustainability demands enhanced nitrogen use efficiency. We found that genome-wide promotion of histone H3 lysine 27 trimethylation (H3K27me3) enables nitrogen-induced stimulation of rice tillering: APETALA2-domain transcription factor NGR5 (NITROGEN-MEDIATED TILLER GROWTH RESPONSE 5) facilitates nitrogen-dependent recruitment of polycomb repressive complex 2 to repress branching-inhibitory genes via H3K27me3 modification. NGR5 is a target of gibberellin receptor GIBBERELLIN INSENSITIVE DWARF1 (GID1)-promoted proteasomal destruction. DELLA proteins (characterized by the presence of a conserved aspartate-glutamate-leucine-leucine-alanine motif) competitively inhibit the GID1-NGR5 interaction and explain increased tillering of green revolution varieties. Increased NGR5 activity consequently uncouples tillering from nitrogen regulation, boosting rice yield at low nitrogen fertilization levels. NGR5 thus enables enhanced nitrogen use efficiency for improved future agricultural sustainability and food security.

点评分析：摘要简明扼要地说明了论文的主要内容。第一句是研究的背景，指出当前全球粮食产量的提高在很大程度上依赖于环境破坏性的无机肥料使用，这强调了提高氮肥利用效率对于未来农业可持续性的重要性。第二句至第五句是研究的内容，研究发现了转录因子 NGR5 如何在水稻分蘖生长和氮肥响应中发挥重要作用。最后一句说明了研究的结论与意义，即 NGR5 通过提高氮肥利用效率，为实现未来农业的可持续性和粮食安全提供了可能。

参考译文：由于当前全球谷物产量依赖于环境破坏性的无机肥料使用，未来的农业可持续性需要提高氮利用效率。我们发现，全基因组范围内介导组蛋白 H3K27me3 甲基化的增强促进了氮素对水稻分蘖的刺激作用：APETALA2 结构域的转录因子 NGR5（NITROGEN-MEDIATED TILLER GROWTH RESPONSE 5）通过氮素依赖的方式招募 PRC2 的蛋白复合物（Polycomb Repressive Complex 2，PRC2），通过 H3K27me3 修饰来抑制分蘖抑制基因的表达。NGR5 是赤霉素受体 GID1（GIBBERELLIN INSENSITIVE DWARF1）所促进的蛋白酶体降解的目标。DELLA 蛋白（其特点是含有保守的天冬氨酸-谷氨酸-亮氨酸-亮氨酸-丙氨酸序列）竞争性地抑制 GID1-NGR5 相互作用，并解释了绿色革命品种分蘖增多的原因。NGR5 活性的增加由此导致分蘖生长与氮素调节之间的解耦，从而在低氮施肥水平下提升了水稻的产量。因此，NGR5 实现了氮肥利用效率的增强，对改善未来农业的可持续性和食品安全具有重要意义。

2. 引言的翻译

如果说摘要是论文的缩影，那么引言则是科技论文的开场白，目的是说明写文章的理由。通常，引言包括研究的背景、前人的研究以及目前研究存在的问题、课题提出的重要性及研究范围，等等。引言中一般会有多个专业术语首次出现，可能出现研究机构、研究者的名称等。翻译时要注意这些译名的准确性。此外，引言中可能会有一些复杂的长难句，出现主动语态和被动语态交替使用的情况，在翻译时要注意灵活处理,调整句子结构,添加衔接词等,以达到语意连贯,符合中文的表达习惯。同时,在翻译时注意不要添加主观色彩,保持原文的客观性。

例 8-18 The green revolution of the 1960s boosted cereal crop yields in part through widespread adoption of semi-dwarf plant varieties. The beneficial semi-dwarfism is respectively conferred in wheat and rice green revolution varieties by mutant Reduced height-1 (Rht-1) and semi-dwarf1 (sd1) alleles. These alleles cause accumulation of growth-repressing DELLA proteins, the normal forms of which are characterized by the presence of an Asp-Glu-Leu-Leu-Ala amino acid motif. Resultant semi-dwarf plants resisted lodging but required high nitrogen fertilizer inputs to maximize yield. Normally, gibberellin promotes growth by stimulating DELLA degradation as regulated by the gibberellin receptor GID1 (GIBBERELLIN INSENSITIVE DWARF1), the F-box protein GID2 (GIBBERELLIN INSENSITIVE DWARF2), and the SCF (Skp, Cullin, F-box-containing) ubiquitin ligase complex. Nitrogen fertilization-induced increase in grain yield is determined by the integration of three components (tiller number, grain number, and grain weight), but exogenous application of gibberellin reduces tiller number in rice. Here, we asked how nitrogen fertilization affects the gibberellin signaling that regulates rice tillering. Nitrogen fertilization promotes crop yield, but overuse in agriculture degrades the environment. A future of sustainable agriculture demands improved nitrogen use efficiency.

点评分析:这段引言的前四句介绍了研究的背景,即 20 世纪 60 年代的绿色革命通过广泛采用半矮秆植物品种来提高谷物作物产量,同时指出了目前这种做法存在的现实问题——半矮秆植物抵抗倒伏,需要高氮肥料投入以最大化产量。第五句至第七句进一步阐明了氮肥对作物产量和赤霉素信号通路的影响。最后一句提出了本研究的主题。翻译这段话时,需要注意以下几个要点:① 文中涉及农业和生物学的专业术语,要注意译文的准确和规范性,如"gibberellin"(赤霉素)、"DELLA proteins"(DELLA 蛋白)、"nitrogen fertilization"(氮肥施用)、"semi-dwarf varieties"(半矮秆品种)等,这些术语在翻译时需要译者勤查资料,确保准确性,以保持原文的专业性和科学性。同时,也要注意对于同一个术语的翻译要在上下文中保持一致性,避免使用多个不同的译法。② 对于长难句,翻译时需要适当调整句子结构。如第三句中包含一个较长的定语从句,需要调整句子结构,进行增译,使其符合中文的表达习惯,同时保持逻辑清晰。③ 翻译时要注意保持上下文的连贯性,适当增加衔接词。同时,原文以客观陈述为主,翻译时应保持这种语气。

参考译文:20世纪60年代的绿色革命通过广泛采用半矮秆植物品种提高了谷物作物的产量。小麦和水稻绿色革命品种中的有益半矮化特性,分别是由突变的"Reduced height-1"(Rht-1)和"semi-dwarf1"(sd1)等位基因赋予的。这些等位基因导致生长抑制性 DELLA 蛋白的积累,而 DELLA 蛋白的正常形式特点在于其含有一个天冬氨酸-谷氨酸-亮氨酸-亮氨酸-丙氨酸的氨基酸序列。因此,这些半矮化植物具有更强的抗倒伏能力,但为了最大化产量,它们需要较高的氮肥投入。通常,赤霉素通过刺激 DELLA 蛋白的降解来促进植物生长,这一过程受到赤霉素受体 GID1(GIBBERELLIN INSENSITIVE DWARF1)、F-box 蛋白 GID2(GIBBERELLIN INSENSITIVE DWARF2)和 SCF 泛素连接酶复合物(包含 Skp、Cullin、F-box)的共同调节。氮肥诱导的粮食产量增加取决于三个组成部分的整合:分蘖数、谷物数和谷物重量。然而,外源应用赤霉素会减少水稻的分蘖数。这里,我们探讨了氮肥是如何影响调控水稻分蘖生长的赤霉素信号通路的。氮肥促进作物产量,但在农业中的过度使用会破坏环境。可持续农业的未来需要提高氮肥利用效率。

3. 正文的翻译

正文是论文的主题,一般包括材料与方法(描述研究实验所使用的材料、实验设计、数据采集和分析方法等)、结果(展示研究实验所得的数据和观察结果)、讨论(对研究结果进行解释和讨论,与已有研究进行比较和联系,并提出可能的解释或推论等)。有些论文的正文可能还包括理论框架、文献综述等。农林科技论文的正文部分的翻译应该做到逻辑清晰、条理分明,用词具体准确,注重科学性和客观性。下面的例文是该论文正文中的结果与讨论部分。

例 8-19 We found that increased nitrogen supply enhanced transcription and abundance of the rice APETALA2-domain transcription factor encoded by an NGR5 (NITROGEN-MEDIATED TILLER GROWTH RESPONSE 5) allele. NGR5 interacts with a component of the polycomb repressive complex 2 (PRC2) and alters the genome-wide histone H3 lysine 27 trimethylation (H3K27me3) pattern response to changes in nitrogen availability. The extent of this alteration was reduced in ngr5 plants or by gibberellin treatment. RNA sequencing and chromatin immunoprecipitation (ChIP)-polymerase chain reaction analysis showed that an increase in nitrogen supply reduced the abundance of mRNAs specified by strigolactone signaling and other branching-inhibitory genes [such as Dwarf14 (D14) and squamosa promoter binding protein-like-14 (OsSPL14)] in a dosagedependent manner. Lack of D14 or OsSPL14 function was epistatic to ngr5 in regulating rice tillering. We next found that the DELLA-mediated enhancement of nitrogen-induced tiller number, typical of green revolution rice varieties, was abolished in plants with the ngr5 mutation.

These observations suggest that NGR5-driven recruitment of PRC2 promotes repressive H3K27me3 modification of target branching-inhibitory genes, thus causing an increase in tiller number. On the other hand, a nitrogen-induced NGR5-dependent increase in tiller number is enhanced in green revolution rice varieties, and this effect is inhibited by gibberellin treatment. Although NGR5 abundance is negatively associated with gibberellin amount, gibberellin-promoted destabilization of NGR5 is neither dependent on nor downstream of gibberellin-induced DELLA destruction. Moreover, NGR5 interacts with the gibberellin receptor GID1 and DELLA proteins; this suggests that gibberellin-promoted proteasomal destruction of NGR5 is not due to gibberellin-promoted destruction of DELLAs, but is due to a gibberellin-potentiated interaction of NGR5-GID1, leading to polyubiquitination of NGR5 and subsequent destruction in the proteasome. Accumulation of DELLA proteins competitively inhibited the GID1-NGR5 interaction, thus stabilizing NGR5 by reducing its gibberellin-GID1-mediated destruction.

点评分析：这两段研究结果揭示了氮供应对水稻分蘖生长的调控机制，其中NGR5作为关键转录因子，通过与PRC2和赤霉素信号通路的相互作用，影响分蘖数的增加。这两段话涉及生物学中的分子机制和相互作用，因此在翻译时需要注重科学逻辑的传达。要确保译文能够清晰地表达出各个组件之间的关系和相互作用过程。如"gibberellin-promoted degradation of NGR5"可以翻译为"赤霉素促进NGR5降解"，以强调赤霉素在这一过程中的作用；"DELLA proteins competitively inhibited the GID1-NGR5 interaction"可以翻译为"DELLA蛋白通过竞争性抑制GID1-NGR5相互作用"，以清晰地表达出DELLA蛋白的作用方式。此外，段落中包含多个从句和复杂句式，如定语从句、因果关系的表达等。在翻译时，需要理清句子结构，保留原句的意义，确保完整地传递信息。

参考译文：研究结果表明，增加氮素供应能够提升由NGR5（氮介导的分蘖生长响应5）等位基因编码的水稻APETALA2域转录因子的转录和丰度。NGR5与多梳抑制复合物2（PRC2）的一个组分相互作用，并改变了全基因组范围内组蛋白H3赖氨酸27三甲基化（H3K27me3）模式对氮素供应变化的响应。这种改变的程度在 NGR5 植物或通过赤霉素处理后有所降低。通过 RNA 测序和染色质免疫沉淀(ChIP)-聚合酶链反应分析,我们发现氮素供应的增加以剂量依赖的方式降低了由独脚金内酯信号和其他分蘖抑制基因[如 Dwarf14(D14)和类似 squamosa 启动子结合蛋白-14(OsSPL14)]指定的 mRNA 的丰度。在调控水稻分蘖方面,D14 或 OsSPL14 功能的缺失对 NGR5 具有上位性。接下来,我们发现绿色革命水稻品种中典型的由 DELLA 介导的氮素诱导分蘖数增加的现象,在具有 NGR5 突变的植物中被废除。

这些观察结果表明,NGR5 驱动 PRC2 的招募,促进了目标分蘖抑制基因的 H3K27me3 抑制性修饰,进而增加了分蘖数。另一方面,在绿色革命水稻品种中,氮素诱导的、依赖于 NGR5 的分蘖数增加得到了增强,但这种效应会被赤霉素处理所抑制。虽然 NGR5 的丰度与赤霉素的含量呈负相关,但赤霉素促进的 NGR5 不稳定性并不依赖于赤霉素诱导的DELLA 降解,也不是其下游过程。此外,NGR5 与赤霉素受体 GID1 和DELLA 蛋白存在相互作用。这表明,赤霉素促进的 NGR5 蛋白酶体降解并非由赤霉素促进的 DELLA 降解所导致,而是由于赤霉素增强了NGR5-GID1 的相互作用,进而引发 NGR5 的多泛素化,并最终在蛋白酶体中降解。DELLA 蛋白的积累竞争性地抑制了 GID1-NGR5 相互作用,从而通过减少其赤霉素-GID1 介导的降解来稳定 NGR5。

4. 结论的翻译

结论是对论文的总结,突出了论文的研究结果。结论概括了研究的主要发现、重要性和可能的影响,是通过科学实验论证后得到的。因此,结论部分的语言简洁明了、精练准确、逻辑严密,清晰地呈现研究的逻辑链条。在翻译结论部分时,要注意表述的连贯性,以清楚呈现结论的逻辑推理和因果关系,便于读者理解。

例 8-20　We conclude that nitrogen fertilization alters genome-wide reprogramming of H3K27me3 methylation via NGR5-dependent recruitment of PRC2. In rice, methylation represses genes that inhibit tillering and consequently promotes an increase in tiller number. NGR5 is a target of gibberellin-GID1-promoted proteasomal destruction. Modulation of competitive interactions among NGR5, DELLA proteins, and GID1 enables enhanced grain yield in elite rice varieties despite reduced nitrogen fertilizer inputs. Such shifts in yield and input use could promote agricultural sustainability and food security.

参考译文:我们得出结论,氮肥的施用通过招募 NGR5 依赖的多梳抑制复合体 2(PRC2),改变了全基因组范围内 H3K27me3 甲基化的重编程。在水稻中,甲基化抑制了抑制分蘖的基因,从而促进了分蘖数的增加。NGR5是赤霉素受体GID1促进的蛋白酶体降解的目标。调整NGR5、DELLA蛋白和GID1之间的竞争性相互作用,能够使优质水稻品种即使在减少氮肥投入的情况下,也能实现产量的提高。这种产量和氮肥投入的变化,有望促进农业的可持续性和粮食安全。

总之,农林学术文体的翻译需要译者具备相关的专业知识和较高的语言能力,在翻译时注重术语的准确性,对于某些特定的术语,可能需要查阅专业词典或咨询相关领域的专家。在碰到长难句时,译者需要对原文的句子进行必要的调整,如调整句子的顺序、改变语态、增减词语等,以符合目标语言的表达习惯。译者还需要保持学术文体的逻辑性和条理性,确保译文结构清晰、易于理解。这样才能提高译文的准确性和可读性,为农林科技领域的交流和合作提供有力的支持。

第9章 涉农会议口译实践

9.1 涉农会议口译概述

农业发展对世界具有极其重要的影响和意义,它涵盖了许多方面,从粮食供应到经济增长,都在全球范围内产生着深远的影响。故此,国际上有诸多涉农的国际组织和国际会议,涵盖了农业、农业政策、农村发展、可持续农业、粮食安全等多个领域。下面列举一些重要的国际农业相关会议。

联合国粮食及农业组织会议:联合国粮食及农业组织(Food and Agriculture Organization of the United Nations,FAO,简称"粮农组织"),于1945年10月16日正式成立,是联合国系统内最早的常设专门机构,是各成员国间讨论粮食和农业问题的国际组织。该组织的宗旨是提高人民的营养水平和生活标准,改进农产品的生产和分配,改善农村和农民的经济状况,促进世界经济的发展并保证人类免于饥饿。组织总部在意大利罗马,现共有194个成员国、1个成员组织(欧洲联盟)和2个准成员(法罗群岛和托克劳群岛)。FAO定期召开的会议涵盖了全球粮食安全、农业发展等议题,旨在促进农业和农村可持续发展。

世界粮食安全高级别会议:该会议由联合国粮食及农业组织(FAO)、国际粮食计划署(WFP)等共同主办,旨在讨论粮食安全、营养和可持续发展议题。

世界农业科技创新论坛:这是一个由政府、企业、国际组织和非政府组织共同参与的国际平台,旨在促进全球农业可持续发展和农村振兴。

国际农业经济学家大会:国际农业经济学家协会是一个全球性的农业经济学家专业会员协会,其使命是促进研究农业和粮食系统经济学的科学家的共同专业兴趣。该协会的会议汇集了国际农业经济学界的专家学者,讨论农业经济学领域的最新研究成果和政策问题。

联合国可持续发展高级别政治论坛:2012年6月联合国可持续发展大会决定成立联合国可持续发展高级别政治论坛,取代可持续发展委员会。论坛于2013年9月24日第68届联大一般性辩论期间正式启动。该论坛讨论各个可持续发展目标,其中包括关于农业、食品安全和农村发展的议题。

《联合国气候变化框架公约》缔约方大会：《联合国气候变化框架公约》缔约方大会（UNFCCC Conference of the Parties），是《联合国气候变化框架公约》的最高机构，由拥有选举权并已批准或加入公约的国家组成。该大会负责监督和评审该公约的实施情况。缔约方大会将签订该框架公约的各缔约方联合在一起，共同致力于公约的实施。缔约方大会自1995年起每年召开一次会议。尽管大会焦点更多地放在气候变化议题上，但农业和农村发展在应对气候变化方面也扮演着重要角色。

在国际会议的语境下，口译根据场合、内容和形式的不同，可分为多种类型。外事口译、医学口译、法庭口译以及导游口译等是根据工作性质划分的，而从翻译内容角度来看，口译又可分为陪同口译、礼仪口译和会议口译等。就工作形式而言，交替传译、同声传译和耳语传译是主要的口译方式。上述涉农国际会议大多采用同声传译方式，以确保会议的流畅进行，而在一般的农业领域会议中，交替传译则更为常见。

同声传译与交替传译作为两种主要的口译形式，各有其适用的场合和特点。同声传译要求译员在讲话人发言的同时进行翻译，这种方式主要适用于大型国际会议，具有即时高效的特点，利于会议流程的顺利进行，但对会场装备和译员的专业素养有着较高的要求。相对而言，交替传译则更为灵活，适用于多种场合，无需复杂的设备支持，但在语言转换的速度上可能稍逊于同声传译。

在农业领域的跨文化交流中，交替传译因其适用性强和灵活性高而被广泛使用。因此，本章将重点介绍交替传译的形式特点、前期准备、会议过程中的注意事项等内容，以期为农业领域的国际交流提供更为精准的语言服务。

9.2 口译前的准备

表面上看，口译在现场仅仅表现为口头表达上语言文字间的转换，要求快速、即席。然而，成功的口译离不开译员长期的练习、高水平的职业素养及大量的会前准备工作。

充分的准备可以帮助译员更好地理解和传达信息，同时增加自信和表现的稳定性。通常，口译任务的准备工作包括以下几个环节。

9.2.1 了解主题

在口译活动前，了解会议、演讲、讲座等活动的主题和内容非常重要。阅读相关材料，获取背景信息，以便更好地理解并传达信息。一般而言，译员在接到任务时就可以了解会议的主题，此时译员可借助网络工具或历届会议的相关信息，如主动搜索会议主题的相关信息，如主题的官方译法、出席人员名单及职务、会议日程等。

9.2.2 准备词汇

一般来说，成熟的译员都有比较熟悉的口译领域，在长期的练习过程中已经积累了大量的相关领域词汇。译前译员仍有必要对涉及的专业词汇和术语进行有针对性的再熟悉过程，做好充分准备，确保在目标语言中能够准确、流利地表达相关概念。因此，译员需要及时熟悉行业术语和流行词汇，查询未知词汇的含义，以减少错误、提高翻译质量。

9.2.3 预习材料

如果有会方提前提供的演讲稿、文稿等材料，译员则需对这些材料进行预习，熟悉内容，有助于提前预知可能遇到的难点或盲区。

9.2.4 了解发言人

了解发言人的背景、发音特点、语速等，可以帮助译员更好地适应和传达信息。此外，发言人之前曾经参加的活动内容、学术见解、研究主题等都应当是准备工作的必需要素。

9.2.5 熟悉行业知识

任何活动都有主题。如果涉及特定行业领域的口译，熟悉相关行业知识有助于更好地理解和传达专业信息。以"以色列-安徽农业科技交流会"为例，会议章程中所提示的大会议题、各分会场研讨、洽谈等大多围绕以色列先进农业技术的介绍，如灌溉技术及相关产品的交流推广。那么，如果译员的"舒适区"不覆盖水利灌溉这一方面，那么口译过程就会相对困难，甚至会出现因理解偏差导致的错误。

9.2.6 研究文化背景

从事跨文化口译，译员应了解目标语言国家的文化、礼仪和习惯，以避免不当的翻译或交流误解。跨文化交际的过程就是文化碰撞的过程。面对并非我们母语国家的发言人，译员需要提前大致了解对方的宗教信仰和社会习俗。在自己文化中习以为常的行为，可能在对方文化中却是交流禁忌，应尽量避免这种情况发生。

9.2.7 确认设备和环境

译员在提前到达现场或准备充足的时间,以防止意外情况发生,导致无法按时开始口译任务。如果是会议口译或者较为正式的室内场合活动,提前一天到会场,调试机器、检查设备非常重要。确保口译所需的设备,如耳机、话筒等正常工作。确保译员所在位置视野较好,比如可以看清主讲人展示的屏幕,且工作环境安静,以保障口译的质量。

9.2.8 沟通确认

译员应一方面保持与会务方的顺畅沟通,一旦出现突发状况,及时与其联系。另一方面,在执行同声传译这种更需要团队合作的口译任务中,译员需要与团队成员保持高效沟通,了解彼此的角色和预期的表现。

9.2.9 做笔记和记号

在听取演讲或讲话时,译员可以做简要的笔记或记号,以帮助在口译时更好地组织语言,放松身心。在口译前保持放松和冷静,深呼吸,有助于缓解紧张情绪,提高注意力和表现;同时,准备备用资源也十分必要。准备备用的词汇、短语、表达方式,以应对可能的困难情况或不熟悉的专业术语。

9.3 口译笔记

同声传译因其特殊性,过程中无法也无须记录笔记。而在交替传译过程中,发言人讲话可长可短,为了辅助记忆,帮助译员在一段话结束后回忆内容,保证高效输出,笔记一般是比较推荐的。

这里需要指出的是,笔记只是为了辅助记忆,并不是必需品,更不能够代替理解记忆。口译笔记是译员在听发言人表述过程中,用书写工具记录下的一些以符号、图形等为主的内容。区别于一般普通的会议记录,交传笔记是一种特殊的笔记,主要目的是为了帮助译员回顾几秒钟、几分钟前听到的信息,防止信息疏漏,更多起到提醒的作用。

9.3.1 交传笔记的特点

因为时间短,信息量大,发言人语速不同、口音多样等特点,交传笔记一般具有个性化、即时性、逻辑性的特点。

1. 个性化

虽然几乎所有的译员记录笔记的能力都是系统学习的,但是,因每位译员思维方式、知识积累都有所不同,交传笔记也各有不同。译员一般都倾向于记录能够加深自己对语段理解和记忆的信息点,如此一来,即使是同一段发言,不同的译员记录的笔记也会不同,甚至同一位译员在不同时期记录的笔记也会有所不同。

笔记符号虽然有一套通用的系统,但是,译员的侧重点不一样,所记录的交传笔记也只有自己能够识别。

2. 即时性

交传笔记是在发言人讲话过程中,译员主观记录的内容。发言停止,信息传递就立即中断,笔记也就要立即完成,同时译员就要立刻开始翻译。当一语段被翻译完成后,该笔记也就立刻"失效",没有任何价值了。译员立刻就要投入下一段落的听、分辨、记录、输出的过程。口译活动结束后,除非必要,一般译员也不会检查笔记。

3. 逻辑性

交传笔记的目的就是辅助口译输出过程中的记忆回顾。可读性和条理性就是必备要素。虽然他人看来笔记像"天书",但是对于译员本人而言,记录的过程就必须分析语言内容,将信息按照一定的逻辑关系经纬交织地排列。遵循一定的布局格式,横向记录意群与意群的关系,纵向记录意群内部层次的关系。如此,才能够帮助记忆提取、高效流畅表达。

9.3.2 交传笔记的工具

交替传译适用场合较广,除常见的会议场合外,接待陪同等口译现场也是常有的事,记录笔记不能总是在平整的桌面上进行。因此,对记录工具就有一定的要求。

1. 笔

普通的中性笔或圆珠笔(图9-1)。一般推荐弹簧按压笔,不带笔帽,以保证书写流畅。

2. 笔记本

译员有时需要站着记录笔记,进行翻译,甚至在接待过程中一边随从参观行走一边翻译。因此,笔记本不能太大、太宽,要能一手托住。专业的交传笔记记录本是竖翻页、螺旋线圈装订,硬纸封面,如图 9-2 所示。竖翻页是因为专业的交传笔记纵向记录,左右留白,且逻辑层次分明;线圈装订目的是方便译员短时间内高效记录,并在讲话人结束发言后,快速翻回至开始记录的页面;硬质封面能在译员行走或站立过程中,起到小桌面的作用,使书写页面平整,方便记录。

图 9-1　按压式圆珠笔

图 9-2　译员专用口译笔记本

9.3.3　交传笔记的内容

1. 记录重点

前文说过,每位译员的笔记内容不一样,个性鲜明。一般来说,讲话内容中需要记录的信息有时态、逻辑关系、数字、专有名词、重点实词等,且记录以符号、偏旁部首、字母为主。简而言之,笔记就要求尽可能少记录,只要能达到提示辅助记忆的效果即可。

2. 书写方向

口译笔记的书写方向比较特别。在口译中,记录时间短,翻译过程中译员也没有太多时间整理思路,这就凸显了纵向记录的优势。不用考虑排版问题,每个意群只记录很少且个头较大的文字符号,左侧留白指示要点间的逻辑关系,右侧留白方便上下文重复信息的快速补充、回顾。在一个意群内部,书写也是纵向排布,且内缩进,清晰指示意群内容层次及主次。口译笔记记录清晰,读取翻译也就十分顺畅了。

3. 段尾标记

译员在发言人讲话过程中记录笔记,一段讲话时长不等,有可能会覆盖几个要点或者主题。那么,译员在记录过程中需要在完成一个语段或语义层次的记录后,迅速做出明显标记,表示这一内容已结束,一定要避免在回顾和读取笔记过程中与下一语义层次混淆,影响翻译。一般的标注方式为每个段尾画横线。

下面请看一段较为日常的住房购买咨询对话,注意在逻辑语句中,笔记所表达的方式。

对话原文:
—Hello, Mr. Li. Please come in and have a seat.

—你好,谢谢你抽时间见我。我今天来是想要咨询一下在澳大利亚买房子的事情。

—Okay. Have you decided the type of the property that you are after? A house, a unit or an apartment?

示例笔记如图9-3所示。

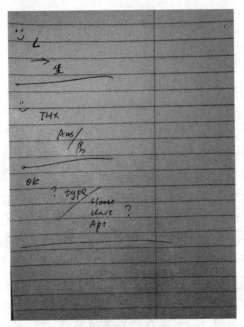

图9-3 示例交传笔记

笔记解读:从笔记结构上可以较为清晰地看到,这篇笔记按照对话的内容,可以被分成三部分,每一部分用圆圈加横线分隔开。这种按照意群来分割笔记的方式可以在很大程度上保证译员译出内容的清晰度,减轻译员在翻译时的负担。

从内容上看,该篇笔记使用了表情符号(代表人物情绪表达)、拼音首字母(代表人物姓氏)、简单的汉字(代表动作指令)、缩写的英文(代表国家)以及标点符号(代表疑问)等不同的元素和符号来记录原文。在口译的过程中,大部分内容需要译员在听原文时用逻辑去思考和记忆,口译笔记仅仅起到辅助记忆的作用,所以,笔记并不是记得越多越好。此外,口译笔记也是译员思维和书写习惯的体现,并没有好与坏、对与错之分。在听取原文的同时,以最快、最准确的方式抓取信息才是译员需要达到的目的。

此外，在处理并列且量较大的关键信息时，译员应尽量以分行形式清楚地进行记录。因为这些信息往往是交流的重点，同时也是口译过程中重要的采分点，一定要确保完整、准确地列出信息要点，如本笔记中最后一部分对于"house"、"unit"和"apartment"的处理。

笔记练习是口译学习中的一项重要环节，在参考常用笔记符号的同时，译员也需要按照自己的思维习惯，自创一些使用起来得心应手的笔记符号，不断练习，缩短笔记记录中的大脑反应时间，提高笔记的准确度，在口译中最大限度地还原原文内容和信息要求。

9.4 语言服务礼仪

在跨文化交际过程中，涉外礼仪是我们必须遵循的行为准则。保持礼仪、律己敬人，能够促进交际成功。金正昆在第五版的《涉外礼仪教程》(2018年)中指出了涉外礼仪的十二项基本准则，也适用于语言服务：① 维护形象；② 不卑不亢；③ 热情有度；④ 求同存异；⑤ 不必过谦；⑥ 入乡随俗；⑦ 遵时守约；⑧ 尊重隐私；⑨ 女士优先；⑩ 以右为尊；⑪ 不宜为先；⑫ 爱护环境。

以上要点在国际交流中是常见准则规范。接下来简单介绍译员在会场需要注意的细节：① 形象大方得体。虽然译员在合作及跨文化交流场合无须凸显自己，但是符合场合的穿着打扮也是基本礼节。正式场合男士穿西装打领带，女士穿套装或礼服；不太正式的场合可穿便服，不可张扬，不可奇装异服，不可浓妆艳抹。② 仪态端庄。坐姿和站姿需要端庄稳重。站着不要抓耳挠腮，坐着不要跷二郎腿，举手投足要落落大方。③ 控制音质音量。翻译过程中译员的声音应沉稳有力，语速应适中。过快的语速让人急促、压迫，听众容易错过信息，过慢的语速容易让人失去耐心，听不出重点。译员需要调整语速，对重要密集信息适当放慢语速，对简单重复信息适当加快语速。④ 麦克风礼仪。会场中多用麦克风，因此译员需要注意麦克风礼仪。比如，说话时嘴与麦克风保持一定距离，避免出现刺耳的如"呲呲""噗噗"之类的气爆音；咳嗽或打喷嚏时要关闭麦克风。

男性译员的着装原则如下：

(1) 两个单色，一个图案：套装、衬衣、领带中，至少有两个单色，最多一个图案。

(2) 深浅交错。

① 深色西服配浅色衬衫和鲜艳、中深色领带；

② 中深色西服配浅色衬衫和深色领带；

③ 浅色西服配深色衬衫和深色领带。

女性译员的着装禁忌如下：
(1) 忌裙、鞋、袜不搭；
(2) 忌光腿或着渔网袜穿职业裙；
(3) 忌三截腿；
(4) 忌皮裙。

9.5 译员素养

口译作为语言服务领域的一个重要分支，以其即时性和高效性的显著特点而备受瞩目。在进行口译工作时，译员不仅需要具备扎实的双语素养，还必须兼具多项专业素养。

首先，敏捷的思维是译员不可或缺的素质。鉴于口译工作的独特性，译员在口译过程中几乎无法将理解、翻译和表达这三个阶段进行明确分解，而这三个阶段必须在极短的时间内无缝衔接完成。这就要求译员在"消极被动"地接受并准确传达演讲者的全部观点和意图的同时，还需"积极主动地"进行快速反应，以确保信息的流畅传递。

其次，丰富的知识储备对于译员来说至关重要。为了避免在跨文化交际过程中出现误解和冲突，译员必须深入了解不同文化背景下的幽默诙谐说法、宗教礼仪以及社交禁忌。此外，对影响目标语言国家的文学名著、历史人物、传统习俗和风土人情也应有足够了解。

再者，出众的记忆力也是译员必备的能力之一。由于口译过程中无法查阅词典或其他资料，因此译员必须熟练掌握并记忆大量词汇、缩略词、成语和典故，以便在需要时能够迅速准确地调用。

同时，责任心对于译员来说也极为重要。译员应以高度的专业素养对待每一次翻译任务。一次负责任且高效的翻译不仅能够准确传达信息，更能在沟通中发挥关键性的辅助作用，如纠正发言人的不当用词，为双方的成功沟通奠定坚实基础。

最后，超强的理解力是译员不可或缺的能力。在国际性会议上，发言人可能使用带有口音的非母语进行发言。这就要求译员不仅要能听懂标准的外语，还需具备强大的语言适应能力，以准确理解并传达发言人的意图。

9.6 口译实践练习

下面是两篇关于可持续农业发展的英汉互译练习段落。练习者可以根据9.2节中所述的译员准备工作进行译前准备,查阅相关资料和词汇,再进行交替传译练习。

以下练习流程供参考,如图9-4所示。

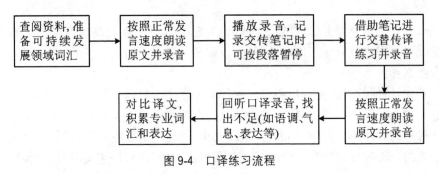

图9-4 口译练习流程

口译练习1——汉译英

原文:

可持续农业的重要性

可持续农业是一种综合性的耕作方法,旨在满足当前食品生产需求同时保护环境,确保子孙后代的福祉。它关注维护土壤肥力,保护水资源,促进生物多样性。可持续农业强调将生态学原则融入农业系统,减少对合成投入的依赖,培育弹性和适应性的耕作实践。

面对人口增长、气候变化和自然资源减少的挑战,可持续农业变得愈发重要。它克服了在减少传统农业实践的负面影响的同时,生产足够食物以满足不断增长的全球人口的挑战。通过减少化学物质的使用,推动农林复合,实施轮作种植等方式,可持续农业有助于减缓土壤退化、水污染和温室气体排放。

可持续农业还在农村发展中发挥着重要作用。它通过多样化农户的收入来源和促进社区参与,提升小农户的生计。通过可持续农业技术,农民可以改善作物产量,提高市场准入,增强食品安全。此外,可持续农业还有助于传统农业知识的保护和文化遗产的保存。

随着政府、组织和个人认识到可持续农业的重要性,全球范围内正在努力推广其应用。通过支持农业生态学的研究和教育,实施激励可持续实践的政策,提高消费者意识,我们可以共同致力于建立更具弹性和环保的农业体系。

译员在接到该类话题的口译任务之后,就可以着手进行可持续农业发展相关内容的资料收集工作了。除掌握必要的术语翻译以外,为了保证良好的翻译效果,译员还应该了解可持续农业发展的背景、其所涵盖的领域,以及可持续农业发展所辐射出的其他相关话题和内容。在掌握发言人名单的前提下,译员可以通过网络,找到发言人之前就相关话题的发言视频或者讲稿,进行相应的听译或视译练习,在练习的同时,将尚未掌握的词汇和术语进行整理,在时间允许的情况下背诵下来。这样做的目的,一是熟悉发言人的讲话方式和可能存在的口音特征;二是尽可能掌握所有相关词汇,以便在执行翻译任务时,迅速将词汇准确译出,保证翻译质量。

与笔译不同,口译对于译文的精准度和文法要求没有过高的要求。但是针对不同的口译题材,口译译员需要掌握必要的专门译法,不能按照自己的理解和原有语言知识随意翻译。所以,从这一点上来说,口译译员的前期词汇准备至关重要。

以该篇原文为例,以下词汇是译员需要提前掌握的:

土壤肥力　soil fertility
生物多样性　biodiversity
生态学原则　ecological principles
弹性和适应性　resilient and adaptive farming practices
农林复合　agroforestry
轮作种植　crop rotation
减缓土壤退化　mitigate soil degradation
市场准入　market access

参考译文:

The Importance of Sustainable Agriculture

Sustainable agriculture is a holistic approach to farming that aims to meet the current needs of food production while preserving the environment and ensuring the well-being of future generations. It focuses on practices that maintain soil fertility, conserve water resources, and promote biodiversity. Sustainable agriculture emphasizes the integration of ecological principles into farming systems, reducing reliance on synthetic inputs, and fostering resilient and adaptive farming practices.

In the face of population growth, climate change, and diminishing natural resources, sustainable agriculture has become increasingly crucial. It addresses the challenges of producing enough food to feed a growing global population while minimizing the negative impacts of conventional agricultural practices. By reducing chemical usage, promoting agroforestry, and implementing crop rotation, sustainable agriculture helps mitigate soil degradation, water pollution, and greenhouse gas emissions.

Sustainable agriculture also plays a significant role in rural development. It enhances the livelihoods of smallholder farmers by diversifying their income sources and promoting community engagement. Through sustainable farming techniques, farmers can improve crop yields, increase market access, and enhance food security. Additionally, sustainable agriculture contributes to the conservation of traditional farming knowledge and the preservation of cultural heritage.

As governments, organizations, and individuals recognize the importance of sustainable agriculture, efforts are being made to promote its adoption worldwide. By supporting research and education in agroecology, implementing policies that incentivize sustainable practices, and raising consumer awareness, we can collectively work towards a more resilient and environmentally friendly agricultural system.

口译练习2——英译汉

原文：

The Significance and Challenges of Rural Development

Rural development is a crucial aspect of a nation's progress, encompassing a wide range of economic, social, and environmental factors. It is aimed at improving the quality of life for people living in rural areas, ensuring their access to basic services, enhancing agricultural productivity, and reducing poverty and inequality.

One of the primary goals of rural development is to bridge the gap between urban and rural areas. This involves providing rural communities with better infrastructure, healthcare, education, and job opportunities. By doing so, governments can reduce migration to cities, alleviate urban overcrowding, and foster balanced regional growth.

Agriculture plays a central role in rural development. By introducing modern farming techniques, promoting sustainable agricultural practices, and providing farmers with access to markets, rural economies can be revitalized. This not only improves food security but also generates income and employment opportunities.

However, rural development faces numerous challenges. Limited access to education and healthcare, inadequate infrastructure, and lack of credit facilities hinder progress. Additionally, the impact of climate change can adversely affect agricultural production, making it necessary to implement resilient strategies.

To overcome these challenges, a holistic approach is required. This involves empowering local communities, encouraging public-private partnerships, investing in human capital, and promoting sustainable land management. Furthermore, technology can play a pivotal role in facilitating information dissemination, market access, and financial inclusion for rural populations.

In conclusion, rural development is pivotal for balanced and inclusive national growth. By addressing the challenges through comprehensive strategies and empowering rural communities, countries can unlock the potential of their rural areas and create a more equitable and prosperous society.

参考译文：

农村发展的意义和挑战

农村发展是一个国家进步的重要方面，涵盖了广泛的经济、社会和环境因素。它旨在提高农村地区居民的生活质量，确保他们获得基本服务，增强农业生产力，减少贫困和不平等。

农村发展的主要目标之一是缩小城乡差距。这涉及为农村社区提供更好的基础设施、医疗保健、教育和就业机会。通过这些措施，政府可以减少人口向城市的迁移，缓解城市过度拥挤问题，促进区域均衡增长。

农业在农村发展中发挥着核心作用。通过引入现代农业技术、促进可持续农业实践，以及为农民提供市场准入，农村经济可以得到复兴。这不仅提高了食品安全水平，还创造了收入和就业机会。

然而，农村发展面临诸多挑战。有限的教育和医疗保健资源、不足的基础设施以及缺乏的信贷服务阻碍了进步。此外，气候变化的影响可能对农业生产产生不利影响，因此有必要采取弹性策略。

要克服这些挑战，需要采取全面的方法。这包括赋权地方社区、鼓励公私合作伙伴关系、投资人力资本以及促进可持续土地管理。此外，技术在促进信息传播、市场准入和农村人口的金融包容方面发挥着重要作用。

总之，农村发展对于实现均衡和包容的国家增长至关重要。通过综合性策略应对挑战，赋予农村社区权力，国家可以释放农村地区的潜力，创造更加公平繁荣的社会。

很多口译译员认为,从口译的难度上看,英译汉的难度更小,这主要是由于在输出译文时,译员往往具备对母语(汉语)语言组织的天然优势,所以发挥的空间更大,整理的句式也更加自然流畅。

实际上,不同的口译工作环境对于语言输出是有不同的要求的。官方会见、商务谈判以及国际会议类的场景则需要译员能够流畅地输出译文,更重要的是,译员的译文也应该更加正式、简洁、书面化。

9.7 口译技能的评估和提高

口译是一项需要高度语言能力和技巧的任务,评估和提高口译水平需要系统性的方法和持续性的努力。以下是一些口译技能的评估和提高方法。

9.7.1 评估方法

1. 自我录音和评估

在进行口译练习时,录制自己的声音并回放,对比原始文本,检查词汇、语法、发音等方面的准确性和流利度。

2. 实际表演

参与模拟实际口译表演。例如参与小组或线上会议,并进行实时口译,然后通过录像回放来评估自己的表现。

3. 练习考试

参加口译考试的模拟测试。这可以帮助熟悉考试格式,了解时间限制,发现自己的不足之处。同时,CATTI考试的准备和参与也是保持和强化译员翻译水平和能力的有效手段。

4. 反馈和评价

寻求他人的反馈,可以是老师、同事或其他熟悉该语言的人,他们可以帮助识别问题并提出改进建议。

9.7.2 提高方法

1. 多听多练

多听各种类型的口语材料,如新闻、演讲、访谈等。通过模仿和实践来提高听力和口语的匹配能力。

2. 阅读与词汇扩展

多读各类文本,包括新闻、专业材料、小说等,扩展词汇量,提高理解和表达的能力。

3. 注重语境

在口译中,理解句子和段落的语境非常重要。不仅要理解每个词的意义,还要注意它们在上下文中的关系。

4. 练习模仿

找一些优秀的口译表演,模仿其中的语调、节奏、表达方式,提高自己的表达自然度。

5. 文化背景了解

对目标语言国家的文化、历史和社会背景有一定了解,有助于更好地理解和传达信息。

6. 持续反思与改进

在每次练习或表演后,反思自己的表现,找出不足,制订改进计划,持续地调整和提高。

7. 参与培训和工作坊

参与口译培训课程、研讨会和工作坊,获取专业指导和反馈,学习最新的口译技巧。

总之,持续地练习、反馈和自我提高是提升口译水平的关键。定期评估自己的进展并调整学习策略,将帮助逐步提升口译技能。

第 10 章 农学典籍英译

10.1 农学典籍英译概述

10.1.1 相关概念的界定

1. 典籍的定义

《辞海》对"典籍"的定义是:"国家重要文献。"《孟子·告子下》中记载:"诸侯之地方百里;不百里,不足以守宗庙之典籍。"赵岐注:"谓先祖常籍法度之文也。亦统称各种典册、书籍。"《尚书序》道:"及秦始皇灭先代典籍。"《后汉书·崔寔传》提到:"少沈静,好典籍。"[①]

由此看来,"典籍"主要有两个义项:一是古代重要文献、书籍;二是法典、制度。"典籍"似被界定为"中国清代末年 1911 年以前的重要文献和书籍"。[②]重要文献和书籍是指中国的社会科学、自然科学等各个领域的典籍作品,意味着我们在从事典籍翻译时,不但要翻译中国古典文学作品,还要翻译中国古典天文、地理、医药、农业、法律、经济等诸多方面的作品。

同时,我国是一个拥有 56 个民族的多民族国家,在国家发展的悠久历史中,其他各族在各自的历史中也创造了灿烂的文明,有自己的典籍作品。因此我们不仅要翻译汉语典籍作品,也要翻译其他少数民族典籍作品。唯有如此,才能称得上完整地翻译中国典籍作品。

据《光明日报》1983 年 11 月 25 日刊发的题为《我国古籍正在逐步整理出版》的文章,我国 1911 年辛亥革命以前的古籍约有 8 万~10 万种。2008 年,首批《国家珍贵古籍名录》由国务院批准公布。首批进入《国家珍贵古籍名录》的 2392 种古籍中,

---

[①②] 汪榕培,王宏. 中国典籍英译[M]. 上海:上海外语教育出版社,2009:1.

计有汉文古籍2282部,包括简帛117种、碑帖73部;少数民族文字古籍110部。①

2. 农学典籍的界定

我国自古以来就是农业大国,在农业发展过程中产生了众多的农学典籍。所谓农学典籍,一般指清末以前历朝有关农业的重要文献和书籍。中国农学典籍在过去被称为"农家书""农事书"或"农学书",或干脆被称为"农书"。

根据张芳、王思明等编著的《中国农业古籍目录》,目前流传下来的农学典籍仅存43本。据任继愈编著的《中国科学技术典籍通汇》统计,先秦至1840年前具有代表性的541部中国古代科技典籍中,农学类共计43部,与《中国农业古籍目录》一致。② 这些尚存的农学典籍既是中华文明传承和发展的重要物质载体,也是对外译介的宝贵财富。

10.1.2 农学典籍英译的意义

1. 典籍英译的意义

把中华民族富有特色的文化精髓译成英语,是让世界了解中国、让中国文化参与全球文化交流的一个极好途径。联合国教科文组织有关文化多元性的宣言称:"人类文化的多元性犹如自然界的生物多样性一样必要。"③ 只有保持世界文化的多样性,世界文化才会更加丰富多彩,充满生机与活力。作为人类文化多元系统中的一个重要组成部分,中国文化对世界文化的贡献有目共睹。因此,通过翻译把中国文化呈现在世界面前,对于弘扬民族文化、保持人类文化多元性意义非凡。

《圣经》钦定本(1611年)的译者在序言中对翻译作了一番形象比喻:"翻译就是把窗户打开,让光线进入房间;翻译就是把贝壳撬开,这样我们便可以品尝里面的肉核;翻译就是撩开窗帘,这样我们便能窥见最圣洁的地方;翻译就是打开井盖,这样我们便可获得水源。"④ 这一连串比喻说明人类生存离不开翻译活动。翻译,无论是作为文化现象、思想活动,还是作为一项谋生职业、一种知识技能,总与它所处的时代背景密不可分。

在世界多极化、文化多元化的全球一体化新时代,国际交流日益深入,我们在不断了解和吸收各国优秀文化和先进科技的同时,还应当大力继承和发展中华民族的优秀传统文化,让世界真正了解中国。在这样的形势下,典籍英译的重要意义显而易见。它对于弘扬民族文化、促进东西方文化融合、保持中国固有文化身份有

---

① 本节对于"典籍"定义的界定和梳理,转引自汪榕培、王宏主编的《中国典籍英译》。(汪榕培,王宏. 中国典籍英译[M]. 上海:上海外语教育出版社,2009:1.)

② 闫畅,王银泉. 中国农业典籍英译研究:现状、问题与对策(2009—2018)[J]. 燕山大学学报(哲学社会科学版),2019,20(3):49-58.

③ 汪榕培,王宏. 中国典籍英译[M]. 上海:上海外语教育出版社,2009:3.

④ 汪榕培,王宏. 中国典籍英译[M]. 上海:上海外语教育出版社,2009:4.

着十分重大的现实意义。

2. 农学典籍英译的价值

中华民族勤劳智慧、热爱和平,农耕文化是中国传统文化的主体组成部分,其中蕴含的道德规范、价值观念和人文精神,是增强民众道德品质和文明精神的力量之源,是中华民族代代传承的文化记忆,对于改善精神风貌、提高文明程度有着重要意义,也是世界文明不可或缺的重要样本之一。作为传统农耕文化载体的农学典籍是全人类共同的宝贵精神财富,把中国农学典籍翻译为英文、介绍给世界各国人民,自然构成了文化传播的重要方面。中国要生存发展,就必须加强文化传播与交流。在这种传播与交流中,农学典籍的英译不可或缺。

首先,典籍本身需要文化传承。农学典籍不仅展现了一个农业大国的历史风貌,同时也体现了古代农民的淳朴风貌和聪明智慧。作为我国农学知识的集大成者,农学典籍承载着历史的印记,文本本身就需要文化的传承。其次,文化的交流依托于文本的传播。中国作为一个农业历史悠久的文化大国,典籍的存量是浩大的。这些兼具知识性和文学性的经典之作不仅是中国文化输出的有力载体,也是世界多维化认识中国的最佳渠道。翻译作为一种跨文化传播方式,对典籍来说是一种生命的延续。最后,人类文明的发展需要中国智慧。古罗马时期,西方国家对农业的记载罕见。中国的农学典籍记载了古代中国的农业发展状况,填补了世界历史上古代农业发展的文本空白。在人类的发展进程中,具有民族特色的非物质文化遗产对全球的农业文明有着举足轻重的作用。

10.1.3 农学典籍英译的历史

根据史书上记载的信息推测,中国和欧洲的接触可以上溯到公元前数百年,但在漫长的中西交流史上,中国文化的西传究竟始于何时,却因史料缺乏而依稀难辨。13世纪意大利人马可·波罗等曾经到过中国,并撰有游记传世。1590年,西班牙教士高母羨(Juan Cobo)翻译了一本辑录箴言的启蒙读物《明心宝鉴》(*Precious Mirror of the Clear Heart*),这是中国文学译成欧洲文字的第一本书。

明清之际,随着西方天主教传教士的陆续来华,中国文化西传掀开了新的一页。近代从事中国文学翻译的首先是一批基督教来华的传教士,他们所选择的翻译对象以中国典籍为主。他们的活动和译介,对于欧洲初始汉学(Proto-sinology)的创立和"中华风"(Chinoiserie)的流行,起到了十分重要的作用。[1]

自从1761年德庇时(John Francis Davis, 1795—1890)翻译的《好逑传》(*Hao Chiu Chuan*)首次在英国出版以来,中国典籍英译已经走过了200多年的历史。[2]

---

[1] 汪榕培,王宏. 中国典籍英译[M]. 上海:上海外语教育出版社,2009:4.
[2] 马祖毅,任荣珍. 汉籍外译史[M]. 武汉:湖北教育出版社,1997:10.

相较而言,作为农业文明传承和发展重要载体的农学典籍,译介历史要更早一些。

以农学典籍的集大成者《农政全书》为例,该书最早在18世纪传到欧洲。1735年在巴黎用法文出版的四卷本《中华帝国全志》卷二转载了《农政全书·蚕桑》的法文摘译,重点介绍了中国的种桑技术、养蚕技术和丝绸制造过程。此次法文摘译开创了该书译成欧洲文字的先河,摘译部分的标题是《一部教人更多更好地养蚕方法的中国古书之摘要》,由巴黎耶稣会士杜赫德主编、殷弘绪完成。载有《农政全书》译介的《中华帝国全志》一经出版就立刻轰动欧洲。1736年在伦敦出版了名为《中国通史》的英文版。此后的1739年、1742年又有两种英文版在伦敦问世,由凯夫出版社出版,这开始了《农政全书》在英语世界译介的历程。在伦敦出版的《中华帝国全志》不是严格意义上对《蚕桑》的英译,而是根据需要所作的译述。[①]

19世纪的欧洲仍然在继续译介《农政全书》。1849年,英国传教士、汉学家、驻上海领事麦都思,重译了《农政全书·蚕桑》,并将其作为节译单行本刊行于上海,名为《制丝与植桑专论:译自阁老徐光启的著作》,作为《汉学杂著》丛书第三种出版,由译者等传教士在上海创办的墨海书馆刊行。同年,称《农政全书》为"农业百科全书"的肖氏将其中的植棉部分主体内容译成英文,题为《上海地区植棉概论》,刊于1832年由美国传教士裨治文创办于广州的《中国丛报》上。1864年12月和1865年1月,肖氏的《木棉》译文分两次转载在由英国人詹姆斯·萨默斯在伦敦创刊的《中国丛报》上。肖氏的翻译称得上是《农政全书》在英语世界中首次真正意义上的翻译,尽管不是全译。[②]

1984年,英国著名中国科学史专家李约瑟主编的《中国科学技术史·农业》在剑桥大学出版社出版,主要讨论农业大田和谷物系统、农具及技术、古农书以及农业变化与社会更迭之间的关系。该分册的撰稿人是英国著名中国科技史研究专家白馥兰教授(Francesca Bray),她对中国古代的多部农书进行了全面而详尽的介绍,包括《农政全书》《齐民要术》《王祯农书》等。[③]

由此可见,《农政全书》得到了世界的高度重视,并且在过去长达200多年的时间里多次被译介为多种语言。美中不足的是,如此重要的一部农学典籍至今没有英译全本。这样的遗憾同样存在于其他的农学典籍。

10.1.4 农学典籍英译的现状

如前所述,目前流传下来的农学典籍仅存43部。并且,其中仅有7部农学典籍及其11个英译本,就连五大农书(《氾胜之书》《齐民要术》《陈敷农书》《王祯农

---

① 李海军. 18世纪以来《农政全书》在英语世界译介与传播简论[J]. 燕山大学学报,2017(6):33-37.
② 马祖毅,任荣珍. 汉籍外译史[M]. 武汉:湖北教育出版社,1997:10.
③ Francesca Bray. Agriculture, science and civilization in China (Vol. VI) [M]. London: Cambridge University Press, 1984: 64-70.

书》《农政全书》),都还没有完全译介出去。①除了这些公认的农书外,《天工开物》《梦溪笔谈》《茶经》《续茶经》《授时通考》等包含农学内容的典籍也可被视为农学典籍。

季羡林在《中国翻译词典》序言中指出,翻译是"中华文明永葆青春的万应灵药"。他认为中华文化之所以能长葆青春,翻译之为用大矣哉。为实现与中国大国地位相称的文化输出,国家新闻出版署和多家大型出版社近年启动了《大中华文库》(国家"九五""十五"图书出版规划"重大工程")英译出版工程,选取100种最有影响、最具代表性的经典作品,上自先秦、下迄近代,内容涵盖哲学、宗教、政治、经济、军事、农业、科技,以汉英对照方式出版,力图全面展示中国文化的基本面貌和辉煌成就。

至此,农学典籍全译本数量有所增加,近年来相继有姜欣和姜怡英译《茶经》和《续茶经》,王宏英译《梦溪笔谈》,王义静等英译《天工开物》,但整体上数量仍明显远少于其他文化类典籍。并且总体看来,在已经译介的农学典籍中,现有的译本中节译、编译居多,全译本很少。②这与中国作为农业大国和农学典籍大国的地位极不相称,也不利于中国农耕文化的传承与传播。

究其原因,一方面是因为农学典籍英译是一种跨语内、跨语际、跨文化的传播活动,不同于一般文学作品或科技文献的翻译,一般要经过语内翻译(古代汉语到现代汉语)和语际翻译(现代汉语到现代英语)两段进程,文本的开放性较大,翻译的难度较高,对译者的翻译水平要求较高;另一方面,由于语言的高度浓缩和术语的专业表述等特点,农学典籍英译要求译者须同时具备娴熟的语言技能和扎实的农学专业知识,这类复合型人才的紧缺是由于国内缺乏专门培养农学典籍外译人才的教育体系。

近年来,南开大学、四川大学、苏州大学、大连理工大学等多所高校相继招收了典籍英译研究方向硕士、博士研究生。这些举措将对我国典籍英译工作起巨大的推动作用,美中不足的是,迄今仍未有农学典籍英译的研究机构,对农学典籍的英译人才培养还没有给予足够的重视。

10.1.5 农学典籍英译的策略

1. 农学典籍英译特点

作为翻译学科中的一个分支,典籍英译具有自身存在价值的特殊性,也可以说是"唯一性"。典籍英译首先应强调理解,然后才是表达。典籍英译标准之所以与其他翻译不同,是因为它具有固有的特点。典籍英译的过程是一个把古代汉语转

---

①② 许明武,王烟朦. 中国科技典籍英译研究(1997—2016):成绩、问题与建议[J]. 中国外语,2017,14(2):96-103.

换成现代英语的过程,而从源语(古代汉语)到目的语(现代英语)的转换要经历语内翻译和语际翻译两个阶段。首先进行语内翻译,即用现代汉语完整准确地理解典籍的古代汉语原文。这是一种在汉语系统内进行的翻译,源语是古代汉语,目的语是现代汉语;从典籍英译的整个过程来看,第一阶段的任务主要是借鉴吸收历代善注善译的成果,完整透彻地把握典籍。第二阶段进行的是语际翻译,即用现代英语完整准确表达古代汉语原文的现代汉语意思。这是一种跨越语种的翻译,源语是现代汉语,目的语是现代英语。因此,典籍英译是一个二度翻译的过程,理解原文及其文化内涵是每一位从事典籍英译的译者所必须克服的首要困难,决定典籍英译质量优劣的重要因素就在于译者对古文的理解是否足够透彻。

农学典籍英译则是在典籍英译的基础上又增加了一层难度。译者不仅要对原文文本进行深入细致的研究,需具有深厚扎实的古代汉语功底,同时还需具有很强的英语语言应用能力来呈现译文,此外还必须学习相应的农学专业知识,拥有一定的农学背景和农业文化素养,以便准确把握农学专业术语的准确翻译。

1. 农学典籍英译策略

典籍翻译是一项极为复杂的再创作,在实践中必须既有统一性又有灵活性,要求译者针对具体文本的特点进行操作。译文的标准应该是准确性与得体性的完美结合。这要求译者具有精通双语的能力,同时特别要求译者对目的语的词汇内涵、语法特征以及文体特征有充分了解。只有这样,译文才能实现达意与得体。译文的语体既要考虑其历史性特征,又要侧重当代译语读者对译文的可接受性。

译者需要把握典籍英译的总体审度。为了制订正确的翻译策略,翻译出成功的译作,译者必须对作者思想、生平、原作内容、风格、形体、类别、版本和时代背景、现有英译各种版本、相关翻译方法论以及决定预期翻译文本文化定位的社会文化因素等进行一番深入细致的研究,通过文化历史考证、文本内证及外证、互文观照以及作品与文本的互证对文本进行语义诠释,通过解码、解构、解析、整合对文本进行解读,以便对作品的总意象、韵致、风格和境界及预期翻译文本的定位等做到心中有数。

典籍英译通常可采取两种基本策略:一种是学术性翻译,其读者对象是研究汉学的汉学家,在翻译原文之外还需旁征博引,解释典故、考释出处,这种翻译突出的是译文的叙述价值和文化价值。另一种是普及性翻译,面对普通大众读者,注重文笔的生动传神,注重可读性、大众化。前者可以采取适当的异化翻译策略,后者可以采取适当的归化翻译策略。译者的文化取向往往决定其翻译策略的选择。

农学典籍英译还需考量以下几个方面的因素,做好充分的准备:① 确定该文本在农业文化体系与传统文化体系中的经典地位;② 查清该文本在目的语中的译介情况;③ 对该文本进行深入研究,首先对其进行语内翻译,以便尽可能全面理解与阐释该文本;④ 确定典籍英译的基本原则,同时还要保证翻译的灵活性。另外,要对原文与译文文化中同类或相似类别的文本进行研读,以便了解此类文本在不同文化系统中的传统与规范,在比较中求同存异,同时还要考虑译文潜在读者的阅读习惯,增强译文在目的语中的可接受度。

在实际的翻译过程中,一般遵循以下翻译原则:① 固定术语的统一性标准原则。在农学典籍中,存在很多固定的古语词汇(如复音词、量词及副词等)和一些农学专业术语词汇,译者在翻译时不仅需要了解语言学中的使动用法、使役用法等结构表达,同时对农业知识的文法使用也要有一定的了解和掌握。② 以受众目标为中心的英译原则。目标受众是文化品读的主体,在翻译过程中,首先要考虑到传播受众的文化背景和价值取向,只有在认同的基础上,英译版本才能更好地达到传播效果。③ 农业知识的综合性原则。翻译不仅要遵循作者本意,也要兼顾文本和文体的综合性。农学典籍的语言特色对作品翻译产生了一定的阻碍,但在翻译实践过程中,文本的整体性应该居于主体地位。如何对一篇文章、一本典籍进行整合,需要译者全面的文化知识和专业的翻译技巧才能实现。

10.1.6　农学典籍英译的展望

当今国际汉学界,英国对中国典籍的研究集中于伦敦。近代以来,伦敦共有100余家出版机构印行过中国古典文学的书籍,总数有200余种。伦敦以外地区中,值得重视的是牛津和剑桥,牛津出版过约40种中国古典文学的书籍,剑桥约20种。近400年来,英国出版了有关中国古典文学的书籍300余种,博士论文30余篇。①

美国的中国典籍英译及研究起步比英国晚了200余年,现有的书籍和博士论文却达1000余种,都问世于20世纪。美国以外使用英语的国家和地区中,亚洲的新加坡、菲律宾,欧洲的爱尔兰,美洲的加拿大、圣卢西亚,大洋洲的新西兰、澳大利亚,非洲的南非等均有中国古典文学英译本问世。

中国政府十分重视典籍英译。从1949年到1966年,外文出版社和新世界出版社出版了多种古典文学作品。1979年以来,中国典籍翻译进入了蓬勃发展的黄金时期,已有多种丛书出版,如由国家新闻出版署直接牵头的《大中华文库》。正如杨牧之在总序中写道:"西学仍在东渐,中学也将西传。各国人民的优秀文化正日益迅速地为中国文化所汲取,而无论东方和西方,也都需要从中国文化中汲取养分。正是基于这种认识,我们组织出版汉英对照版《大中华文库》,全面系统地翻译介绍中国传统文化典籍。我们试图通过《大中华文库》向全世界展示,中华民族五千年的追求,五千年的梦想,正在新的历史时期重放光芒。"②

---

① 汪榕培,王宏. 中国典籍英译[M]. 上海:上海外语教育出版社,2009:5.
② 陆羽,陆廷灿. 大中华文库·茶经、续茶经[M]. 姜欣,姜怡,译. 长沙:湖南人民出版社,2009:8.

汉语是十几亿人使用的大语种,中国是一个很有文化底蕴的国家,但世界对中国文化的了解却相当有限。目前在翻译领域中,引进与输出也不相称。农学典籍的不少精华内容目前还没有译介到国外,甚至五大农书都还没有英文全译本。

农学典籍在西方的传播大致有如下几个走向:首先,农学典籍在西方的传播已经由译介为主发展到翻译和研究并重。其次,在继承和创新方面,新型研究方法的流行与继承传统的努力已经形成鲜明的对照,一些学者大胆尝试新型研究方法,使"西论中用"成为西方研究中国典籍的一大特色。再者,中西译者两支队伍都在进行中国典籍英译,相互交流,使典籍英译的数量和质量得到更大提高。

此外,还应考虑如何进行农业文化的开发和推广。包括以下三个方面:① 充分挖掘文化内容并开发文化产品。中国农学典籍不仅在中国农学史上地位显赫,而且在世界农学史上也有很深远的影响。在充分挖掘文化内容的基础上,开发国外民众喜闻乐见的文化创意产品,如雕塑、服饰、艺术品以及影视作品等。除了农业历史文化传播之外,我们要重新诠释中国的传统文化,紧扣文化"走出去"的价值观传播主线,充分挖掘农学典籍中蕴含的主体精神,如责任担当精神、创业敬业精神、勤俭节约精神、爱国爱民精神等,把这些元素也融入农学典籍的对外传播中。② 做好农学典籍的外译工作。经典文化的对外传播离不开好的翻译作品。翻译如同再创造,需要花费很大的力气。译者既需要对原著有深刻的理解,尤其是对经典中涉及的概念、范畴、专业术语的理解,还需要熟悉对方的思维方式、文化传统以及语言习惯。只有中西文化兼通,才能更好地为国外读者展现原汁原味的农耕文化。译者既要有较高的英文水平,又要有较高的文化素养。并且,在翻译策略上,始终坚持归化与异化有机统一。既要考虑读者的接受性、译文的可读性和欣赏性,又要最大限度地保存和反映原汁原味的异域文化特色和语言风格,为译文读者保留异国情调的魅力。不少典籍只有英文节译本,没有全译本,翻译工作还需要推进。③ 坚持传播的"本土化"原则。在农学典籍的对外传播过程中,要注意吸收西方先进文化因素,融入地方文化特色,走"本土化"的路线。不仅要实现中国文化对外语言表达方式的"本土化"转换,还要努力推动文化传播人才、文化传播平台和载体的"本土化",充分挖掘当地居民、当地媒体作为中国文化的代言人和传播者。总之,我们要充分挖掘中国农学典籍的文化内容,开发文化产品,加强对传播人才的培养,转变传播模式,走"本土化"传播路线,做好作品的外宣翻译工作,充分利用各种传播平台和载体,大力推动中国农耕文化在国际上的传播与交流。

人生之与宇宙,不过如蜉蝣之与天地。有形之物,终会腐朽;先辈们积累的经验,却如星火传世,万古长明。历史已多次验证,越是源远流长、博大精深的文化,越是具有文化传播及影响的价值和能力。绵延千年的中国农耕文化中蕴含的人文精神和道德规范,对于解决当代人类面临的难题具有重要启示意义。把优秀传统文化中具有当代价值、世界意义的文化精髓提炼并展示出来,更加有效地传播中国理念,促进文明交流互鉴,促成世界文明的多样和绚烂,是中国农学典籍英译的最终目标。

深入阅读

1. 汪榕培,李正栓.典籍英译研究:第一辑[M].保定:河北大学出版社,2005.
2. 汪榕培,李秀英.典籍英译研究:第二辑[M].大连:大连理工大学出版社,2006.
3. 汪榕培,关兴华.典籍英译研究:第三辑[M].长春:吉林大学出版社,2007.
4. 马祖毅,任荣珍.汉籍外译史[M].武汉:湖北教育出版社,1997.
5. 陈宏薇.汉英翻译基础[M].上海:上海外语教育出版社,2001.
6. 方梦之.翻译新论与实践[M].青岛:青岛出版社,2002.
7. Bassnett S, Lefevere A. Constructing cultures[M]. Shanghai: Shanghai Foreign Language Education Press, 2001.
8. Bassnett S, Lefevere A. Translation/history/culture: a sourcebook[M]. Shanghai: Shanghai Foreign Language Education Press, 2004.

思考题

1. "典籍"的古今定义是什么?
2. 农学典籍对外传播的最好方式是什么?目前国内有哪些重要组织和重大举措?
3. 农学典籍英译的意义何在?
4. 在农学典籍英译方面,中外学者有哪些代表人物?他们的主要贡献是什么?
5. 新中国成立以后,农学典籍英译方面取得了哪些成就?
6. 农学典籍英译的标准和方法有哪些?你认为该怎样执行?

10.2 陆羽及其《茶经》英译

在中华民族上万年的文化史和五千多年的文明史中,茶的发现和使用几乎可以与中国古代的四大发明相比肩。每当我们看到"柴米油盐酱醋茶""琴棋书画诗酒茶""茶和世界、禅茶一味""中国茶,世界香"等表述时,我们便知道中国茶不仅是一款饮品,更是承载了深厚中国文化底蕴的文化产品。饮茶是一种生活方式,茶道更是一门深邃的哲学。

10.2.1 陆羽其人及《茶经》简介

陆羽(约733—804年,图10-1),名疾,字鸿渐,又字季疵,号竟陵子、桑苎翁、东冈子,又号"茶山御史",唐朝复州竟陵(今湖北天门市)人,著名茶学家。陆羽一生嗜茶,精于茶道,以著世界第一部茶叶专著——《茶经》闻名于世,因其对中国茶业和世界茶业发展作出的卓越贡献,被誉为"茶仙",尊为"茶圣",祀为"茶神"。陆羽的事迹在《新唐书》《文苑英华》《唐才子传》《全唐文》等文献中有所记载。

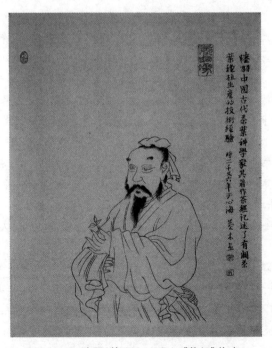

图10-1 陆羽(约733—804),《茶经》作者

《茶经》据传作于780年,是世界上第一部茶学著作,是中华文明的瑰宝,也是世界茶文化经典。全书七千多字,分三卷十节:一之源;二之具;三之造;四之器;五之煮;六之饮;七之事;八之出;九之略;十之图。《茶经》三卷,对茶的性状、品质、产地、种植、采制、烹饮、器具等皆有论述,涵盖了植物学、生态学、民俗学等多学科知识,融不朽的茶学专著与经典的文学作品于一身,将看似平凡的茶事升华为一种意蕴独到的精神文化。该书曾被翻译成多种文字,流传于海外多个国家和地区,可谓"芳冠六清,香溢五洲"。

陆文学自传①

陆子,名羽,字鸿渐,不知何许人。有仲宣、孟阳之貌陋,相如、子云之口吃,而为人才辩,为性褊(biǎn)噪,多自用意,朋友规谏,豁然不惑。凡与人燕处,意有所适,不言而去。人或疑之,谓生多瞋。及与人为信,虽冰雪千里,虎狼当道,不愆(qiān)也。

上元初,结庐于苕溪之湄,闭关对书,不杂非类,名僧高士,谈宴永日。常扁舟往山寺,随身惟纱巾、藤鞋、短褐、犊鼻。往往独行野中,诵佛经,吟古诗,杖击林木,手弄流水,夷犹徘徊,自曙达暮,至日黑兴尽,号泣而归。故楚人相谓,陆羽盖今之接舆也。

始三岁,惸露,育于大师积公之禅院。九岁学属文,积公示以佛书出世之业。予答曰:"终鲜兄弟,无复后嗣,染衣削发,号为释氏,使儒者闻之,得称为孝乎?羽将校孔氏之文可乎?"公曰:"善哉!子为孝,殊不知西方之道,其名大矣。"公执释典不屈,予执儒典不屈。公因矫怜抚爱,历试贱务,扫寺地,洁僧厕,践泥圬墙,负瓦施屋,牧牛一百二十蹄。竟陵西湖,无纸学书,以竹画牛背为字。他日,问字于学者,得张衡《南都赋》,不识其字,但于牧所仿青衿小儿,危坐展卷,口动而已。公知之,恐渐渍外典,去道日旷,又束于寺中,令芟翦榛莽,以门人之伯主焉。或时心记文字,懵焉若有所遗,灰心木立,过日不作,主者以为慵惰,鞭之。因叹云:"岁月往矣,恐不知其书",呜咽不自胜。主者以为蓄怒,又鞭其背,折其楚,乃释。因倦所役,舍主者而去。卷衣诣伶党,著《谑谈》三篇,以身为伶正,弄木人、假吏、藏珠之戏。公追之曰:"念尔道丧,惜哉!吾本师有言:'我弟子十二时中,许一时外学,令降伏外道也。'以我门人众多,今从尔所欲,可捐乐工书。"

天宝中,郢人酺于沧浪,邑吏召予为伶正之师。时河南尹李公齐物出守,见异,捉手拊背,亲授诗集,于是汉沔之俗亦异焉。后负书于火门山邹夫子墅。属礼部郎中崔公国辅出守竟陵,因与之游处,凡三年。赠白驴、乌犎牛一头,文槐书函一枚。云:"白驴、乌犎,襄阳太守李憕见遗;文槐书函故卢黄门侍郎所与。此物皆已之所惜也。宜野人乘蓄,故特以相赠。"

洎至德初,秦人过江,予亦过江,与吴兴释皎然为缁素忘年之交。少好属文,多所讽谕。见人为善,若己有之;见人不善,若己羞之。苦言逆耳,无所回避,由是俗人多忌之。

自禄山乱中原,为《四悲诗》,刘展窥江淮,作《天之未明赋》,皆见感激当时,行哭涕泗。著《君臣契》三卷,《源解》三十卷,《江表四姓谱》八卷,《南北人物志》十卷,《吴兴历官记》三卷,《湖州刺史记》一卷,《茶经》三卷,《占梦》上、中、下三卷,并贮于褐布囊。上元辛丑岁子阳秋二十有九日。

注释:① 文学,指文学之士。陆文学,是作者陆羽称呼自己。《陆文学自传》是陆羽为自己写的一篇传记,追述了自己上半生的遭遇,也寄寓了对国事的关心。

10.2.2 《茶经》英译

《茶经》的英译历程始于 20 世纪初期,相继被日本教育学家、美国政府官员、英国科学史学家和外交官等国际茶友译成英文,步入 21 世纪后,本土译者全译本的推出,更进一步推动了以《茶经》为代表的茶文化对外传播,不仅新译迭出,而且译介活动逐步上升为有意识自觉的文化平等的对话,体现了各种文明形态的交流与互鉴,彰显了世界民族文化多样性的绚丽姿彩。

1. 全译本

(1) 卡朋特译本

1974 年,美国学者卡朋特译成 *The Classic of Tea*,成为《茶经》的世界首部英译全本。该书最初由利特尔·布朗出版社(Little, Brown and Company)发行,后来收录于《大英百科全书》(*Britannica Encyclopedia*, 1982),1994 年又修订为 *The Classic of Tea*:*Origin & Rituals*,由 Ecco Press 出版并于 1995 年再版(图 10-2)。

图 10-2 卡朋特《茶经》译本(1994 年修订版)

The Classic of Tea 全书包括序言、前言、正文和注释四个部分。正文部分十个章节:"一之源"(The Beginnings of Tea)概括了"茶"字的构造特性,茶的植物学性状及其产地和起源。"二之具"(The Tools of Tea)介绍了李唐时期采摘和制造茶叶的工具。"三之造"(The Manufacture of Tea)叙述了古代中国对茶的采制和品鉴方法。"四之器"

(The Equipage)中译者配了 24 幅插图以形象说明煮茶和饮茶的用具分类之精细，按照茶叶制作方法、规格和用途的不同而划分。"五之煮"(The Brewing of Tea)枚举了煮茶用水的类别和煮茶的方法。"六之饮"(Drinking the Tea)论述了茶事从日常行为升华为精神层面的文化价值，以及不同流派饮法的沿革。"七之事"(Notations on Tea)汇集了上古神农氏以来至唐所有关于茶的历史资料。"八之出"(Tea-producing Areas)分别逐个点评了中国各茶叶产地，并且详细说明了地理因素与茶叶品质高低的关系。"Generalities"中作者言及饮茶发乎心，不必拘泥，有些工具和器皿是可以省略的，故称"九之略"。"Plan of the Book"是对全书的总结，将前述九章用丝质挂图置于堂中，此乃"十之图"是也。

The Classic of Tea 填补了《茶经》在西方茶学界和翻译界的空白。一方面，《茶经》所介绍的茶叶种植、采摘、制作和生产等知识汇集了古代中国人民长期以来的智慧结晶，对西方社会的茶叶生产、茶业经济的发展等有着实际的指导和推广作用。此次译介行为使得茶叶这片"神奇的东方叶子"在西方扎根生长。另一方面，众所周知，新中国自成立之后和美国鲜有往来，直到 1971 年基辛格博士的秘密访华才打破了坚冰，1972 年在上海发表的《中美联合公报》标志着两个国家之间的交流开始逐渐兴起。1973 年 6 月，承担着扩大美中商务联系、在广阔层面上使美国经济获益使命的美中贸易全国委员会成立。该委员会提倡与中国进行建设性的商务联系，双方共同致力于营造一个透明的、规范的商务环境，消除贸易投资壁垒。在这种历史环境下，时任美中贸易博物馆副馆长的卡朋特应时而动，通过《茶经》的译介打开了以茶文化为媒介的中美文化交流之门户，实乃中国茶文化海外传播进程中的里程碑。

译者全名弗朗西斯·罗斯·卡朋特(Francis Ross Carpenter)，他出生于英国苏格兰地区，早年毕业于伦敦大学，后随家人移民至马萨诸塞州，在斯坦福大学修读中国语言文学及中国哲学专业并获硕士学位，硕士论文为 *The peasant policy of the Chinese Communist with special reference to the post-World War II era*。毕业后，卡朋特长年在美国政府任职，负责中国相关事务，后进入马萨诸塞州弥尔顿美中贸易博物馆(Museum of the American China Trade，现已更名为福布斯家族博物馆，Forbes House Museum)工作，并担任副馆长一职。

(2) 姜欣、姜怡译本

2009 年，湖南人民出版社出版了《茶经、续茶经》(图 10-3)，由大连理工大学姜欣、姜怡两位教授合作翻译，在翻译陆羽《茶经》的同时，将清朝陆廷灿所著《续茶经》英译文一并完成，后被《大中华文库》收录。该译本非常注重对中国文化象征的翻译，极大程度地保留了原文的神韵，有助于不断清晰和深化非中文母语者对于中华文化的认识，彰显了中国的学术水平，是迄今为止第一部由本土译者翻译完成并得到专家广泛认可的《茶经》英译全本。

其中，《茶经》的今译与英译以《茶经述评》2005 年第二版为底本，并参考借鉴了程启坤、杨招棣、姚国坤等编著的由上海文化出版社 2003 年出版的《陆羽茶经解读与点校》和沈冬梅编著的由中国农业出版社 2007 年出版的《茶经校注》等。《续茶经》部分的今译与英译主要是以 2004 年山东画报出版社出版、鲍思陶纂注的《茶典》为底本,并参考借鉴了云南人民出版社 2004 年出版的《饮之语》。

姜欣、姜怡两位教授一直致力于中华传统茶文化的传承和传播,为中国茶文化走向世界作出了贡献。在"中国传统制茶技艺及其相关习俗"项目申遗过程中,两位学者的译作被选作送给联合国的礼物,包括首发 5 国外文译本之一的《茶经》复译本、《东方清韵——中国茶文化》和中华文化外译系列的《图说中国传统手工艺》等,助力了"中国传统制茶技艺及其相关习俗"项目申遗成

图 10-3 姜欣、姜怡《茶经》译本
The Classic of Tea(2009 年版)

功。近 20 年来,她们带领课题组成员齐心协力,撰写发表了相关论文 80 余篇,所指导的本科生和硕士研究生的毕业论文选题也都紧紧围绕茶文化的传承与传播(图 10-4)。系列研究使得姜欣和姜怡译本的阐释和拓展进一步增强,推动了《茶经》英译朝向纵深发展,深化了英语世界读者对《茶经》的了解,使中国茶文化在更高的层次上、更广博的领域中得到推广和传播。

图 10-4 姜欣、姜怡团队近年来《茶经》外译领域成果

(3) 邱贵溪译本

2023年是陆羽诞辰1290年，上海交通大学出版社特别出版了陆羽《茶经》汉英对照版(图10-5)。该译本以中国国家图书馆馆藏的南宋咸淳刊百川学海本《茶经》为底本，参校明以来多种版本，白话文采用中国社会科学院沈冬梅研究员的译文，英译文由美国麻省文理学院的本·亚伯拉罕·卡恩(Ben Abraham Kahn)教授校阅。

译者邱贵溪，时任上海对外经贸大学副教授，硕士研究生导师，教育部中外人文交流专家库入选专家，中国国际茶文化研究会理事，担任《茶知识100问》英文审校，近年来专事研究中华经典专著外译。

邱贵溪在担任上海对外经贸大学国际交流学院院长的近十年间，曾出访过近60个国家和地区。在对外交往中，发现外国友人中喝斯里兰卡等国家茶的人较多，而喝中国茶的人甚少，知道《茶经》的更是寥寥无几，于是萌发了要把这部巨著翻译成英文的想法，以便外国友人能准确理解中国茶和茶文化。

图10-5 邱贵溪《茶经》译本
The Classic of Tea(2023年版)

2. 节译本

(1) 冈仓天心译本

冈仓天心(Kakuzo Okakura, 1863—1913)是日本明治时期著名的教育家、思想家、美学家，七岁开始就在日语学习之外同时接受汉学与英语教育，在中学时期加入汉诗社并学习中国古琴，还曾于1893年受帝国博物馆委派到中国的开封、洛阳、西安等古都调研考察中国艺术，长期浸淫于中国传统文化。在20世纪初期被美国波士顿美术馆聘为中国日本部顾问期间，冈仓天心意识到西方人对东方世界充满了荒谬的想法和误解，因此用英文相继写下 *The Ideal of the East*(《东洋的理想》)，*The Awaking of Japan*(《日本的觉醒》)，*The Book of Tea*(《茶之书》)(图10-6)，被称为冈仓天心的"英文三部曲"。其中1906年在纽约由福克斯·达菲尔德出版社(Fox Duffield & Company)发行的 *The Book of Tea* 产生的影响最大，之后被翻译成日语、汉语、法语、德语等语言，多达百余个译本，而

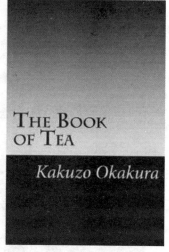

图10-6 冈仓无心《茶经》译本
The Book of Tea

且还入选了美国的中学教科书,至今已畅销百年不衰。

严格说来,《茶之书》并不是一部以传播茶道和茶文化为主旨的著作,而是冈仓天心在美国为"波士顿女王"加德纳夫人讲述茶道和东洋文化的讲稿,后来整理成书稿得以出版。书中作者借着茶道表达了自己对生命的看法,算是写给西方人的一本关于东方文化尤其是日本文化的入门之书。全书戛然而止于千利休大师草庵茶社最后一场茶会之后的饮剑自刎,映射出冈仓天心的观点:他认为"茶道是在人生宿命诸多不可能达成的目的中尝试可能完成的一种温良希求,其本质是对不完美的崇拜"。茶道文化的哲学不仅仅是普通意义上的美学,它同时还表达了伦理和信仰,以及关乎人类和自然的整体观念。

The Book of Tea 第二章"茶的流派与沿革"中,冈仓天心对《茶经》原作的三卷十章分别一一作述,详细介绍了陆羽的《茶经》,梳理了茶的不同饮法及其流派沿革,并追溯了茶在中国演进的三个时期和东传日本形成日本茶道的过程,用细腻的笔意表述了对古代中国人情怀的景仰,把唐代用茶饼来煎煮、宋朝用茶末来拂击、明时用茶叶来腌泡的历史演进分别概述为"茶的古典主义流派、浪漫主义流派和自然主义流派"。冈仓天心对陆羽的评价甚高:公元8世纪中叶,茶史上第一位"使徒"诞生了。"使徒"形象诠释了陆羽一生的宿命——生逢儒、道、释三教寻求如何共融共生的时代,陆羽凭借其独到的眼光,在平凡而日常的茶事中发现了遍存于万物之中的和谐与秩序,并著书为后世立下了"茶的律则",也因此被后世尊称为"茶之守护神"。

书中,冈仓天心自创了"Teaism"这个词,"Tea"和"-ism"的结合体现出作者尝试溯探中国传统的道家思想与禅宗精神之希求,并且表达了"Teaism was Taoism in disguise"即"茶道即道家的化身"这一观点。或是受此影响,之后的两位美国学者在译介《茶经》时都认为陆羽有道家风骨,而茶文化所传递的亦是道家精神。The Book of Tea 以茶为载体,奠定了茶的文化基调,此后日本茶道成为东方茶文化的代表形象,时至今日仍蜚声国际。无可否认,该书已对20世纪初西方人对东方茶文化的认知产生了深远的影响。

(2) 威廉·乌克斯译本

1935年,纽约茶与咖啡贸易杂志公司(The Tea & Coffee Trade Journal Company)发行出版了后来被茶学界人士推崇为"世界茶叶大全"的 All About Tea 一书(图10-7),在茶叶学界和业界引起一时轰动。该书作者威廉·乌克斯(William Ukers,1873—1945)是当时美

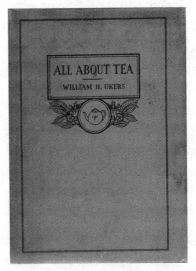

图 10-7 威廉·乌克斯《茶经》译本
All About Tea

国《茶与咖啡贸易》杂志(Tea and Coffee Trade Journal)的主编,他从 1910 年即开始准备,对东方种植、生产茶叶的国家实施田野调查和访问,获取茶叶方面的第一手图文资料,然后自 1924 开始在欧美各大国家的图书馆和博物馆分门别类收集资料,尔后为了校正有关记录,又再次在各产茶国家开展调研活动,前后历时长达 25 年之久,直至 1935 年方才完成 *All About Tea* 的写作和出版。

All About Tea 全书共计 52 个章节,几乎涵盖了茶叶所涉及的各个领域,至今仍以其分类之全、所列之细居于当代茶学类著作前列。该书的汉译本《茶叶全书》由中国著名农学家、茶叶专家吴觉农先生发起,他组织了中国茶叶研究社的同志和茶届同仁共同协作完成,从抗战初期开始筹谋,历时十多年于 1949 年方得偿所愿,交付上海开明书店印刷出版,"以集体研究之所得,贡献于将来的建设性社会"。

All About Tea 第二章"中国与茶经"对《茶经》原作的梗概进行了节译,乌克斯在译文中的溢美之词表达了对该书的推崇之意,按照他的说法,"当时中国人对关于茶的问题从不轻易与外国人交流,更不会泄露茶叶的生产制作方法,直到《茶经》问世,其中的奥秘才被公之于众。并且,"《茶经》简化了各种凌乱的茶学知识,从而减少了人们阅读的时间,并在不知不觉中起到了传播茶叶知识的作用"。

无论是对《茶经》还是其作者陆羽,乌克斯均给予诸多褒奖。他认为陆羽是一位"才能高超、学识渊博又富有素养"的浪漫主义冒险家,其身世之曲折"可与《圣经》上所记载弃于芦苇中的摩西(Moses)相媲美"。此处与摩西的比较,恐怕不仅因二人身世相似,亦是借《圣经·出埃及记》记载摩西曾带领被奴役的希伯来人逃离古埃及前往迦南之事,喻指陆羽在茶学界的创世之举。乌克斯的高度评价和推崇确立了陆羽在国际茶叶界"茶叶祖师"的地位。

虽然书中对《茶经》的译介在近六十万字的庞大著作体系中仅占不足万字,乌克斯此举依然是中国茶文化国际传播进程中的一次跨越,具有非凡的意义。首先,*All About Tea* 是第一部以全球视野来研究茶的巨作,汇集了当时全世界的关于茶的所有资料,以典型西式科学研究之抽丝剥茧的手法,详尽而丰富地记录了茶叶的历史、文化、技术、商业、艺术等,可谓尽数囊括。其次,美洲是茶叶全球传播过程中的最后一环,作者乌克斯以美国人的视角来观察,能看到全方位、立体化的茶叶世界图景,这也代表着美国这样一个新兴茶叶市场国家对茶及其文化、产业的关注。所以,相比较冈仓天心的译述,*All About Tea* 对《茶经》的译介不仅加速了中国茶文化的西向传播,也间接促进了中国茶叶科学体系的建构。

(3) 李约瑟译本

Science and Civilization in China(《中国科学技术史》)是英国著名化学家、科学史研究专家李约瑟博士(Joseph Needham,1900—1995)耗时五十余年,组织世界各地该领域专家撰写的一部关于中国古代科学技术历史的创世巨作。不同于其他著作之处在于,李约瑟先生非常重视对中国古文献资料的全面搜集和考证,譬如他曾经从历朝历代的钦天监记载官方史料中搜集天文、历法等方面的资料,并善于

从有关词典学文献和各分科专业学史著作中查找文献，还强调参考如日语、韩语，甚至梵文、波斯文、乌尔都文以及拉丁文、希腊文等非中文文献。该书在丰富的史料、深入的分析和大量的实地调研基础上，深入系统地介绍了中国古代科学和技术取得的辉煌成就及其对世界文明的伟大贡献，内容涉及多个科学技术领域，为西方人全面公正地认识中国古代科学和技术产生了重要影响作用，可称得上是"中西科学文化交流史的里程碑之作"。

《中国科学技术史》全书共七卷，第六卷《生物与生物技术》分为11册，第5册《发酵与食品科学》主要论述中国古代食品加工技术的各个方面，具体如食品的起源和营养价值、食品的加工工艺、加工技术的科学原理等，其中近百页的篇幅比较全面地介绍了中国的茶叶加工与利用，包括对《茶经》及其作者陆羽的介绍。该章节以溯典追源的形式，整理了中国古代典籍中关于"茶"的记录，从公元前59年《僮约》中的"武阳买茶"开始，直至1990年吴觉农先生编写的《中国地方志茶叶历史资料选辑》和1992年陈宗懋先生编写的《中国茶经》，以及学术期刊如《农业考古》中有关茶叶的专刊。这些资料均被作为重要的参考来源，史料收集全面且丰富，堪称科技著作中的翘楚之作。至于"茶"字，包括相近的"荼、茗、櫷"等文字在历史上的考察例证，甚至追溯到湖南博物馆藏存的马王堆出土的《竹简》，整个图书编写组严谨、精研的治学精神由此可见。其中对《茶经》的注疏中，明确标出"《茶经》英文节译本见 Ukers(1935)，全译本见 Carpenter(1974)"，也间接反映出这两本著作在西方学术界的认可与接受。

冈仓天心、威廉·乌克斯、李约瑟对于《茶经》的翻译，重点在"介"不在"译"，即使如此仍然起到了填补英语世界对茶认知空白的作用，对《茶经》英译和中华茶文化在英语世界的传播起到了开创和引领作用。

10.2.3　英译对比研究

翻译是一种跨文化交流活动，是一个文化移植过程。文化意象的差异会导致翻译时信息缺失或变形等问题。文化差异是文化意象差异最主要和直接的原因，与各民族的地理环境、生活习俗、价值观及宗教信仰等密切相关。因此，在翻译过程中，译者需要考虑两个民族文化传统的差异，在翻译中保持文化个性，力求形神兼备，减少文化亏损，平衡语用效果。首先要重视的是源语文化的发展轨迹、民族特征，也就是说要研究历史事实，分析形成该民族文化的历史过程、其独特的内涵和个性，以及怎样在翻译中体现和保持该民族文化的特征。同时考虑译入语承载异质文化时对译入语读者产生的理解障碍，考虑与译入语文化的心理冲突，否则就会适得其反。

《茶经》具有独特的中国茶文化语境，近千个各具特色又内涵丰富的茶品茶具的名称、字号，以及与之相关的典故和传说，上百首清新秀美的茶诗共同组成一个特殊文体,这种文体将科学与浪漫甚至传奇色彩完美融合,在翻译成外文时,稍有不慎,中华民族特有的语言风格及蕴涵其中的文化精髓和技艺信息就会缩水,甚至产生歧义、变味。下面以卡朋特译本(以下称"卡译本")、姜欣与姜怡译本(以下称"姜译本")和邱贵溪译本(以下称"邱译本")三个英译本为例,探讨《茶经》英译过程中关于文化意象传递存在的一些问题,期望典籍英译能更有效地传播中国传统文化。

1. 文化意象的缺失

《茶经》第四章"茶之器"详细叙述了二十四种煮茶、饮茶的用具器皿,三个译本都辅之以精美插图帮助读者更好地理解原作。其中对煮茶用的器具"风炉"(图 10-8)的描述如下:"风炉以铜铁铸之,如古鼎形……其三足之间,设三窗,底一窗,以为通飙漏烬之所,上并古文书六字,一窗之上书'伊公'二字,一窗之上书'羹陆'二字,一窗之上书'氏茶'二字,所谓'伊公羹,陆氏茶'也。"①

图 10-8 风炉

卡译本译文:The Brazier should be made of brass or iron and shaped like an old-fashioned tripod... There are windows on my brazier between the legs. The bottom part is the draught hole and the places for taking out the ashes. Above each window are more characters in the ancient script, for a total of six. There are two characters over each window and together they say, "For the Lu family to boil tea."②

姜译本译文:The Wind Stove, in the shape of an ancient cooking vessel, is made of bronze or iron... Three louvers are made alternately in between the

---

① 陆羽. 茶经(汉英对照)[M]. 邱贵溪,译. 上海:上海交通大学出版社,2023:30.
② Lu Yu. The classic of tea: origins and rituals[M]. tr. by Francis Ross Carpenter. New York: The Ecco Press, 1994:103.

legs. Two characters are incused above each louver, six of them as a whole combining to give the sign:"Chef Yin's Broth, Master Lu's Tea."①

邱译本译文:The stove is made of copper or iron, like the shape of tripod... There are three holes between every two legs and at the bottom of the stove, there is a hole for ventilating and leaking out ashes. Six ancient Chinese characters are written above the three holes which read"Yi Gong" "Soup Lu" and "Yu Tea" respectively, meaning "Yi Gong's Soup and Lu Yu's Tea"（Yi Gong, the prime minister of Shang Dynasty, was said to be good at boiling the thick soup).②

"伊公羹,陆氏茶"简单六个字,却深藏玄机。何为"伊公羹"？烹制者何人？伊公是一生辅佐商朝五代帝王的名相伊尹,作为中国历史上第一位帝王之师,被后世尊为"元圣"。据记载,伊尹是有莘氏在桑树林拾到的弃儿,因其养母住在伊水边上,故以伊为姓。也许是因为被厨子抚养长大,伊尹对烹饪之事比较熟悉且别有解悟,曾以烹饪作比喻提出政治主张:"物无美恶,过则为灾,五味调和,君臣佐使。"伊尹以羹为喻论政,陆羽以茶纾解情志。将自己的茶与伊公的羹并题,可见陆羽清高与自信的不凡意志。了解其背后的深意之后,再来看译文。

卡译本译文"For the Lu Family to boil tea",只意译了"陆氏家族的茶",略去了"伊公羹"及其内涵的翻译,也缺失了古文简练规整的美感。姜译本"Chef Yin's Broth, Master Lu's Tea"则再现了原句的对称和简练,同时"Chef Yin"也暗指伊公身份不一般。邱译本对"伊公"的处理是直接音译为"Yi Gong",同时括号加注简单介绍了伊公的身份以及"伊公羹"的内涵,充分再现了"陆氏茶"承载的文化意象,帮助读者更加准确地解读原文的意思。

2. 文化意象的变形

《茶经》第三章"茶之造"主论采茶季节、采制方法和制茶工序等,其中对茶叶外观形态的描述如下:"茶有千万状,卤莽而言,如胡人靴者,蹙缩然；犎牛臆者,廉襜然；浮云出山者,轮囷然；轻飙拂水者,涵澹然；有如陶家之子,罗膏土以水澄泚之；又如新治地者,遇暴雨流潦之所经。此皆茶之精腴。"③

卡译本译文:Tea has a myriad of shapes. If I may speak vulgarly and rashly, tea may shrink and crinkle like a Mongol's boots. Or it may look like the dewlap of a wild ox, some sharp, some curling as the eaves of a house. It can look like a mushroom in whirling flight just as clouds do when they float out from behind a mountain peak. Its leaves can swell and leap as if they were being

---

① 陆羽,陆廷灿. 大中华文库·茶经·续茶经[M]. 姜欣,姜怡,译. 长沙:湖南人民出版社,2009:19.
② 陆羽. 茶经(汉英对照)[M]. 邱贵溪,译. 上海:上海交通大学出版社,2023:32.
③ 陆羽. 茶经(汉英对照)[M]. 邱贵溪,译. 上海:上海交通大学出版社,2023:30.

lightly tossed on wind-disturbed water. Others will look like clay, soft and malleable, prepared for the hand of the potter and will be as clear and pure as if filtered through wood. Still others will twist and turn like the rivulets carved out by a violent rain in newly tilled fields. Those are the very finest of teas.①

姜译本译文：Here is an inkling of their appearances: Some crease like the Tartars's leathern boots, others curl like buffalo's dewlap. Some unfold like a cluster of floating clouds from behind mountains while others ripple almost audibly like a river being fondled by a breeze. Some look sleek and silky like pottery clay finely sifted and pasted with water, yet others feel rugged and rough like newly cultivated field eroded by pouring rains. All these are good teas in most cases.②

邱译本译文：Tea cakes vary in their shapes, roughly speaking, some are like the boots worn by the Tartars (refer to ethnic minorities inhabiting the northern and western part of China), the crumpled surface is like the venison of the arrowhead; some are like the chest of buffalo with fluctuating wrinkles, some are like the floating clouds drifting and circling around the mountains, some are like the breeze blowing the water, rippling gently, some are like the fine and smooth clay pastes, sieved and washed by the potter, and some are like the newly levelled ground which is so smooth as if washed by the rainstorm. These are fine and top-quality tea.③

《茶经》的作者陆羽生活在唐朝，唐朝是中国传统社会的鼎盛时期，政治开放，经济高度发展，东西方文化互融合，当时的"胡人"狭义上指中西亚外来人口，多见于唐朝及之前的各史籍和文献上。吕思勉在《胡考》中说，"先汉之世，匈奴、西域，业已兼被胡称。后汉以降，匈奴浸微，西域遂专胡号"，意思是"本来北方游牧民族和西域商业民族都是'胡'，但是匈奴衰落后'胡'就特指西域民族"。如上，卡译本把"如胡人靴者"译为"Mongol's Boots"，姜译本译为"the Tartar's leather boots"，邱译本则译为"the boots worn by the Tartars"，并且在括号中说明胡人是居住在中国西北地区的少数民族，可见邱译本的处理更加细致些，减少了文化内涵和特色的流失。因此在对典籍中文化内涵的翻译时，译者要充分调动原有图式和多方查找资料去理解原文的信息，还要准确地用目标语传达原文信息。此外，《茶经》中出现了大量的度量衡单位，卡朋特将"升、斗、斤、两、丈"等长度、容积和重量的单位翻译成了"gallons (ounce), pint, catty, ounce"等目标语中已有的对应词汇。其中

---

① Lu Yu. The classic of tea: origins and rituals[M]. tr. by Francis Ross Carpenter. New York: The Ecco Press, 1994:92.
② 陆羽，陆廷灿. 大中华文库•茶经、续茶经[M]. 姜欣，姜怡，译. 长沙：湖南人民出版社，2009:15.
③ 陆羽. 茶经(汉英对照)[M]. 邱贵溪，译. 上海：上海交通大学出版社，2023:21.

的"斤"是中国的传统重量单位,起源于中国唐朝。陆羽时代,重量单位存在区域和时代的变化,靠近省会城市略有缩小,当时1斤大概要大于19盎司。卡译本将"斤"翻译为中国古制司马斤"Catty"(1两等于1/16司马斤,相当于1磅),而姜译本中将"斤"译为"jin",无法体现唐朝时的1斤(等于16两)和现当代的一斤等于10两之间的略微差异,邱译本不仅文中有译解,还把《茶经》中计量单位和换算表在书后以附录的形式呈现。可见,随着时间的推移,在前人研究的基础上,学界对于《茶经》的英译愈发趋于成熟和完善。

深入阅读

1. Kakuzo Okakura. The book of tea[M]. New York:William Adams Typography,2001.
2. Lu Yu. The classic of tea:origins and rituals[M]. tr. by Francis Ross Carpenter. New York:The Ecco Press,1994.
3. Joseph Needham. Science and civilization in china[M]. London:Cambridge University Press,2002.
4. 威廉·乌克斯.茶叶全书[M].吴觉农,译.上海:开明书店,1949.
5. 陆羽,陆廷灿.大中华文库·茶经、续茶经[M].姜欣,姜怡,译.长沙:湖南人民出版社,2009.

思考题

1. 迄今为止,国内外《茶经》英译情况如何?
2. 以《茶经》关键词汇"精行俭德"的翻译为例,说明怎样恰当处理原文中意蕴丰富的表达。
3. 典籍的语言高度凝练、含义丰富,译文怎样适当补足原文中略而不表的语义成分以及一些被省略的语法成分?
4. 举例说明怎样处理文化差异较大的概念。

10.2.3　翻译练习

《茶经》第五章"五之煮"

　　其水,用山水上,江水中,井水下。其山水,拣乳泉①石地慢流者上;其瀑涌湍漱,勿食之,久食,令人有颈疾。又多别流于山谷者,澄浸不泄,自火天②至霜郊③以前,或潜龙畜毒于其间,饮者可决④之,以流其恶,使新泉涓涓然,酌之。其江水,取去人远者。井,取汲多者。

　　其沸,如鱼目,微有声,为一沸;缘边如涌泉连珠,为二沸;腾波鼓浪,为三沸;已上,水老,不可食也。初沸,则水合量,调之以盐味,谓弃其啜余,无乃而钟其一味乎?第二沸,出水一瓢,以竹筴⑤环激汤心,则⑥量末当中心,而下有顷势若奔涛溅沫,以所出水止之,而育其华⑦也。

原文解析:

　　第五章"五之煮"很好地体现了《茶经》的语言特色,其中运用了比喻、拟声、叠字的修辞,用词精练隽秀,介绍了唐朝时最好的煮茶方法。

　　查阅资料可知,唐人饮茶并不如今天这么容易,直接将茶叶浸入水中,出汤即可。明代以后逐渐盛行的泡饮法降低了饮茶的门槛。而相比散茶的泡饮,唐代饼茶的煮饮可谓繁琐之至。当时的贮藏条件不是很好,茶饼可能会吸潮,一块茶饼,首先需要经过炙烤,烤干后再碾成细末。接着是生火,选择好的燃料是特别重要的,当时最好的燃料可能就是木炭了。接着是煮水,水的选择也是至关重要的,煮茶之水分为山水、江水和井水三个等级。来源不同,水质的高低也就不同。本篇将生火、炙烤、煮水、煎茶一一进行了介绍。除去一些知识性、常识性的看点之外,本篇最出彩的地方应该是如诗如画的描写手法,尤其是对煮茶之水和"沫饽"的描写极为生动形象。本文选取的就是"煮水"的部分。

　　查阅古汉语资料及书籍,整理并翻译出了选段的注释和白话文译文如下:

① 乳泉:指石钟乳上滴下的水,这种水含矿物质高。

② 火天:七月酷暑时节。《诗经·七月》载:"七月流火。"

③ 霜郊:霜初降大地。"霜降"在农历九月下旬,霜郊则指秋末冬初。

④ 决:开口子。

⑤ 竹筴:竹筷。

⑥ 则:茶则,属于茶具的一种,是民间烹试茶时量取茶末入汤的量具。在茶道中,需要用茶则来量取,把茶从茶罐里取出。茶则也是《茶经·四之器》中提到的28种茶具之一。

⑦ 华:后文有提及"沫饽,汤之华也"。唐代喝茶的方法是"煮茶",就是把茶碾成末,用鍑烧水,水开之后,把茶末倒进"鍑"中煮,喝茶时,将茶汤舀到碗里,让"沫饽"均匀。"沫饽"就是茶汤的"华",薄的叫"沫",厚的叫"饽"。

现代汉语译文：

煮茶的水，用山上的水最好，其次是江河的水，井水最差。山水，最好选取乳泉、石池漫流的水（这种水的流动不湍急），奔涌湍急的水不要饮用，常喝这种水会使人颈部生病。还有一些细流的水汇积在山谷，水虽澄清，但不流动。从炎夏到秋冬下霜之际，也许有龙潜伏其中，水质污染有毒，要喝时应先挖开缺口，把污秽有毒的水放走，使新的泉水涓涓流来，然后饮用。江河的水，要到离人远的地方去取，井水要从有很多人汲水的井中汲取。

水煮沸到有像鱼目的小泡，有轻微的响声，称作"一沸"。锅的边缘有连珠般的水泡往上冒，称作"二沸"。水波翻腾，称作"三沸"。再继续煮，水煮沸过头了，就不宜饮用了。开始沸腾时，按照水量放适当的盐调味，尝味剩下的茶水要泼掉。切莫因无味而过分加盐，否则，不就成了特别喜欢盐这种味道了吗？第二沸时，舀出一瓢水，再用竹筴环绕沸水中心搅动，用"茶则"量取茶末倒入沸水中心。片刻，水沸腾起来，如波涛翻滚，水沫飞溅，这时把刚才舀出的水掺入，使水不再翻腾，生成了水面的"华"——茶汤上面的泡沫。

英语参考译文：

On the question of what water to use, I would suggest that tea made from mountain streams is best, river water is all right, but well-water tea is quite inferior. (The poem on tea says, when it comes to water, I bow before the pure-flowing channels of the Min.)

Water from the slow-flowing streams, the stone-lined pools or milk-pure springs is the best of mountain water. Never take tea made from water that falls in cascades, gushes from springs, rushes in a torrent or that eddies and surges as if nature were rinsing its mouth. Over usage of all such water to make tea will lead to illnesses of the throat. Of the many other streams that flow through mountain and valley, there are those that are clear and pure but which sink into the ground and are absorbed before finding an outlet. From the hot season to the time of frost, the dragon may be sequestered and noxious poisons will accumulate within them. One taste of the water will tell you if it is all right. If the evil genius of a stream makes the water bubble like a fresh spring, pour it out. If you must use river water, take only that which man has not been near; and if it is well water, then draw a great deal before using it. When the water is boiling, it must look like fishes' eyes and give off but the hint of a sound. When at the edges it chatters like a bubbling spring and looks like pearls innumerable strung together, it has reached the second stage. When it leaps like breakers majestic and resounds like a swelling wave, it is at its peak.

Any more and the water will be boiled out and should not be used. When the boiling water is in its first stage, you may add a measure of salt in accordance with the amount of water. You can tell when to stop by sampling it. During the second stage of the boiling, draw off a ladle full of water and stir around the center of the boil with your bamboo pincers. If you judge that it is not yet right, lower the pincers into the center of the boil and do it with force. If it still leaps up making waves and splashing into a froth, pour back some of the water you have drawn off. That will stop it from overboiling while encouraging its essential virtue. Pour it into cups so that it will come out frothy. The frothy patches are the ornamentation to the decoction and are called mo if thin, po if thick. When they are fine and light, they are called flowers, for they resemble the flowers of the jujube tree tossing lightly on the surface of a circular pool. They should suggest eddying pools, twisting islets or floating duckweed at the time of the world's creation. They should be like scudding clouds in a clear blue sky and should occasionally overlap like scales on fish. They should be like copper cash, green with age, churned by the rapids of a river, or dispose themselves as chrysanthemum petals would, promiscuously cast on a goblet's stand. To achieve the froth called po, heat the remaining water until it boils. Then the fine, light flowery froth will gather and become as silvery and white as drifted snow. The poem on tea speaks of froth as flaming brilliance, and says that it must be as lustrous as the snowdrift and as sumptuous as the spring lotus.

10.3 宋应星及其《天工开物》英译

10.3.1 宋应星其人及《天工开物》简介

宋应星(1587—1661/1666,图10-9),字长庚,奉新县人,明朝科学家。宋应星于万历四十三年(1615年)与兄宋应升参加乡试中举。奉新诸生中只有其兄弟二人中举,故称"奉新二宋"。崇祯八年(1635年),宋应星任袁州府分宜(江西省新余市)县学教谕(县学的教官)。这个时期是其一生中的重要阶段,他把自己长期积累的生产技术等方面的知识加以总结整理,编著了《天工开物》一书,在崇祯十年(1637年)刊行。崇祯十一年(1638年),宋应星升任福建汀州府(今福建省长汀县)推官,于崇祯十三年(1640年)辞官归里,崇祯十六年(1643年),又出任南直隶凤阳府亳州知州(今安徽省亳州市),次年,辞官返回奉新。清朝建立后,宋应星一直过着隐居生活,在贫困中度过晚年,拒不出仕。

图 10-9　宋应星(1587—1661/1666),《天工开物》作者

《天工开物》初刊于 1637 年(明崇祯十年),是世界上第一部关于农业和手工业生产的综合性著作,也是中国古代一部综合性科学技术著作,被称为"中国 17 世纪的工艺百科全书"。全书分为上、中、下三卷 18 篇,并附有 123 幅插图,描绘了 130 多项生产技术和工具的名称、形状、工序(图 10-10)。书名取自《尚书·皋陶谟》"天工人其代之"及《易·系辞》"开物成务",作者说是"盖人巧造成异物也"(《五金》)。

全书按"贵五谷而贱金玉之义"(《序》),分为《乃粒》(谷物)、《乃服》(纺织)、《彰施》(染色)、《粹精》(谷物加工)、《作咸》(制盐)、《甘嗜》(食糖)、《膏液》(食油)、《陶埏》(陶瓷)、《冶铸》、《舟车》、《锤煅》、《燔石》(煤石烧制)、《杀青》(造纸)、《五金》、《佳兵》(兵器)、《丹青》(矿物颜料)、《曲蘖》(酒曲)和《珠玉》。首篇《乃粒》记录了农民培育水稻、大麦新品种的事例,研究了土壤、气候、栽培方法对作物品种变化的影响,又注意到不同品种蚕蛾杂交引起变异的情况,说明通过人为的努力,可以改变动植物的品种特性,得出了"土脉历时代而异,种性随水土而分"的科学见解。

《天工开物》全书详细叙述了各种农作物和手工业原料的种类、产地、生产技术和工艺装备,以及一些生产组织经验。上卷记载了谷物豆麻的栽培和加工方法,蚕丝棉苎的纺织和染色技术,以及制盐、制糖工艺。中卷内容包括砖瓦、陶瓷的制作,车船的建造,金属的铸锻,煤炭、石灰、硫黄、白矾的开采和烧制,以及榨油、造纸方法等。下卷记述金属矿物的开采和冶炼,兵器的制造,颜料、酒曲的生产,以及珠玉的采集加工等。

图 10-10 《天工开物》插图

《天工开物》序言

天覆地载,物数号万,而事亦因之,曲成而不遗,岂人力也哉?事物而既万矣,必待口授目成而后识之,其与几何?万事万物之中,其无益生人与有益者,各载其半;世有聪明博物者,稠人推焉。乃枣梨之花未赏,而臆度楚萍;釜鬶之范鲜经,而侈谈莒鼎。画工好图鬼魅而恶犬马,即郑侨、晋华,岂足为烈哉?

幸生圣明极盛之世,滇南车马,纵贯辽阳;岭徼宦商,横游蓟北。为方万里中,何事何物,不可见见闻闻?若为士而生东晋之初、南宋之季,其视燕、秦、晋、豫方物,已成夷产;从互市而得裘帽,何殊肃慎之矢也。且夫王孙帝子,生长深宫,御厨玉粒正香,而欲观耒耜;尚宫锦衣方剪,而想象机丝。当斯时也,披图一观,如获重宝矣!

年来著书一种,名曰《天工开物》。伤哉贫也!欲购奇考证,而乏洛下之资,欲招致同人,商略赝真,而缺陈思之馆。随其孤陋见闻,藏诸方寸而写之,岂有当哉?吾友涂伯聚先生,诚意动天,心灵格物,凡古今一言之嘉,寸长可取,必勤勤恳恳而契合焉。昨岁《画音归正》,由先生而授梓;兹有后命,复取此卷而继起为之,其亦凤缘之所召哉!

卷分前后,乃"贵五谷而贱金玉"之义,《观象》《乐律》二卷,其道太精,自揣非吾事,故临梓删去。丐大业文人,弃掷案头,此书于功名进取,毫不相关也。

时崇祯丁丑孟夏月,奉新宋应星书于家食之问堂。

10.3.2 《天工开物》英译

《天工开物》的传播范围遍布法、韩、德、意、俄、美等国,出现日译、法译、英译、德译、意译、俄译、希译、阿译、西译等多语种译文,对中国传统科技农业文化的传播、国内外科技农业研究发展等产生了不可低估的影响。目前,据相关文献考证与国内外数据库检索发现,《天工开物》英译本(文)共计12个,其中全译本共3个,详见表10-1。[①]

表10-1 《天工开物》英译本(文)

序号	译本(文)	译者	发表/出版渠道	年份	备注
1	On Chinese Vermilion	不详	(英国)孟加拉亚洲学会学报	1832	转译文,卷一,第151—153页

---

① 林宗豪,王宏.《天工开物》英译研究:现状与展望[J]. 南京工程学院学报(社会科学版),2021,21(4):1-7.

续表

序号	译本(文)	译者	发表/出版渠道	年份	备注
2	Chinese Method of Making Gongs and Cymbals	不详	(英国)孟加拉亚洲学会学报	1834	转译文,卷三,第595—596页
3	To the Chinese Treatise: On the Raising of Silk Worms	不详	由历史学家彼得福斯于美国华盛顿出版	1838	节译文
4	Things Produced by the Works of Nature Published 1637	丁文江(中国)	(英国)水手之镜期刊	1925	节译文,卷十一(第3期),第234—250页
5	The Chemical Arts of Old China	李乔苹(中国)	(美国)化学教育期刊	1948	节译本
6	Chinese Jade Carving	汉斯福德(英国)	(英国)隆德·汉弗莱斯出版社	1950	摘译文("珠玉"章)
7	T'ien-kung K'ai-wu: Chinese Technology in the Seventeenth Century	任以都、孙守全(美籍华裔)	(美国)宾州州立大学出版社	1966	全译本
8	Tien-kung-kai-wu: Exploitation of the Work of Nature, Chinese Agriculture and Technology in the XVII Century	李乔苹等15位者(中国)	中国文化学院出版部	1980	全译本
9	The Crafting of the 10,000 Things: Knowledge and Technology in Seventeenth Century China	薛凤(德国)	(美国)芝加哥大学出版社	2011	摘译文
10	The Study on Words and Phrases in Tian Gong Kai Wu	赵越(中国)	南开大学博士论文	2011	译例修改
11	Tian Gong Kai Wu	王义静、王海燕、刘迎春(中国)	广东教育出版社	2011	全译本
12	The Study on Words and Phrases in Tian Gong Kai Wu	赵越(中国)	吉林大学出版社	2017	译例修改增补

1830年,法国汉学家儒莲(Stanislas Julien)翻译了"丹青"章提炼银朱的方法并发表于《新亚洲杂志》Nouveau Journal Asia-tique,尔后译文被转译成英文并以 On Chinese Vermilion 为题刊发于《孟加拉亚洲学会杂志》(Journal of the Asiatic Society of Bengal)。儒莲又于1833年节译"丹青""五金""锤锻"章,分两次发表于《化学年鉴》(Annales de Chimie)。次年,"五金""锤锻"章的内容以英文文章 Chinese Method of Making Gongs and Cymbals 载于《孟加拉亚洲学会杂志》。此外,儒莲1837年将"乃服"章养蚕部分译成法文附于所译《授时通考》,1838年美国华盛顿出版了英文转译本 Summary of the Principal Chinese Treatises Upon the Culture of the Mulberry and the Rearing of Silk Worms,有关"乃服"章译文的标题为 To the Chinese Treatise: On the Raising of Silk Worms。

1925年,近代地质学家丁文江英译了"舟车"章造船部分,经汉学家翟理斯(H. A. Giles)修订后发表在英国海事史研究期刊《水手之镜》(The Mariner's Mirror),开启了中国译者翻译《天工开物》之先河。抗日战争时期,化学史家李乔苹所编《中国化学史》援引《天工开物》全书近五分之一的文字,后将《中国化学史》自译成英文 The Chemical Arts of Old China 于1948年在美国出版。1950年,英国伦敦大学科陶德艺术学院讲师汉斯福德(S. Howard Hansford)所著 Chinese Jade Carving 摘译了"珠玉"章。这些节译文是早期西方人士知悉和了解原书的重要渠道,也为日后趋于完整的译介奠定了基础。

1966年,美国宾夕法尼亚州立大学出版社出版了华裔任以都与其先生孙守全翻译的 T'ien-kung K'ai-wu: Chinese Technology in the Seventeenth Century,自此,《天工开物》以完整的面目呈现给英语读者(以下称"任译本")。任以都是宾夕法尼亚州立大学历史系教授,孙守全为该校矿冶系教授。任译本体例包括译者序、译者札记、正文和152幅插图、参考文献、术语表、附录和索引。1997年,纽约的多佛出版社(Dover Publications)将任译本再版发行。

在任译本翻译之初,我国台湾的教育部门开始组织将《天工开物》全书译成英文。翻译任务于1957年完成,因人事变更和出版经费等问题,译稿未能出版甚至一度遗失。李乔苹也是15位译者之一,经其搜寻和精心修改,译稿由中国文化学院出版部1980年出版(以下称"李译本"),标题为"T'ien-kung-kai-wu: Exploitation of the Work of Nature"。因所选底本差异,译本中共155幅插图并附有丁文江《重印〈天工开物〉卷跋》《奉新宋长庚先生传》,此外还包括译者序、插图列表、章末注释、中国度量衡单位、索引等副文本。

中国科技史研究的执牛耳者李约瑟在《中国科学技术史》第三卷、第四卷第二分册援引任译本,或在其他卷次基于任译本、李译本以及丁文江等人的英文节译文重新翻译。

世纪之交,《大中华文库》(汉英对照)将《天工开物》纳入选题。英文版由当代外语学者王义静、王海燕、刘迎春翻译,译本2011年由广东教育出版社出版以下简称"王译本")。王译本标题用汉语拼音 *Tian Gong Kai Wu*,底本参照上海古籍出版社1993年版《天工开物译注》。译本内有文库工作委员会主任杨牧之《总序》、目录、英汉对照的正文、附录(古今度量衡单位换算表、二十四节气、朝代更迭表、古今地名表)。值得一提的是,译本隶属国家发起的翻译行为,原书中的宋应星序被替换为当代科技史专家潘吉星撰写的《前言》,插图在编辑过程中被修改成129幅。

综上,《天工开物》经历了转译自法文的英文节译本到全译本的形式呈现给西方读者,且拥有译者身份和出版形态各具特色的三个英文译本,它们为确立《天工开物》在世界科技史上的经典地位发挥的作用不言而喻。①

深入阅读

1. 薮内清.《天工开物》研究论文集[M]. 章熊,吴杰,译.北京:商务印书馆,1961.
2. 潘吉星.明代科学家宋应星[M].北京:科学出版社,1981.
3. 宋应星. 天工开物:汉英对照[M]. 潘吉星,王义静,译.广州:广东教育出版社,2011.
4. 赵越.《天工开物》词汇研究[M]. 长春:吉林大学出版社,2017.

思考题

1. 迄今为止,国内外《天工开物》英译情况如何?
2. 以《天工开物》的"乃粒""粹精"章为例,说明怎样恰当处理文章中农业术语的翻译。
3. 以任以都和孙守全的译本为例,探析索引、注释、参考文献、术语表等副文本信息对于专有名词的翻译起到什么作用。

---

① 本章对于《天工开物》英译历程的梳理。转引自:王烟朦,许明武. 科技典籍《天工开物》英译及其研究述评[J]. 中国科技翻译,2020,33(3):54-57.

10.3.3 翻译练习

乃粒

宋子曰：上古神农氏若存若亡，然味其徽号，两言至今存矣。生人不能久生，而五谷生之。五谷不能自生，而生人生之。土脉历时代而异，种性随水土而分。不然，神农去陶唐粒食已千年矣，耒耜之利，以教天下，岂有隐焉。而纷纷嘉种必待后稷详明，其故何也？

纨绔之子，以赭衣视笠蓑；经生之家，以农夫为诟詈(lì)。晨炊晚饷(xiǎng)，知其味而忘其源者众矣！夫先农而系之以神，岂人力之所为哉！

Cultivation of Grains

Songzi says that we should respect the legendary farmers of antiquity (known as the Divine Agriculturitsts) who first developed agriculture even though it still remains unknown whether or not those people existed in history. Man cannot survive by himself but must rely on the five grains. The five grains cannot grow out of the ground naturally by themselves but have to be planted by man.

The soil changes as time passes by and as a result the varieties and the nature of crops changes due to the changes of the soil. Otherwise, the first cultivation of edible crops has a history of over one thousand years if we trace it back to the time of the Divine Agriculturalist and the semi-legendary Emperor Tao-tang and the farming techniques would be widely known to all. It was not until the time of Houji that the new varieties of crops are recorded in detail.

The offsprings of aristocrats regarded farmers as convicts, and the scholarly families used the word "farmer" as a curse word. These people have abundant food supply and enjoy the good taste of their food, but are very ignorant of the food sources. Therefore, it is natural and reasonable to regard the agriculture first developed by the legendary farmers as a divine cause.

粹精

宋子曰：天生五谷以育民，美在其中，有"黄裳"之意焉。稻以糠为甲，麦以麸为衣，粟、梁、黍、稷，毛羽隐然。播精而择粹，其道宁终秘也。饮食而知味者，食不厌精。杵臼之利，万民以济，盖取诸《小过》。为此者，岂非人貌而天者哉？

Rice and Wheat

Songzi says that Nature provides five types of grains to nourish people. Grains are hidden in the yellow chaff, and look as beautiful as if they were in yellow robes. Rice is covered in chaff, wheat is enclosed by bran, and millet and sorghum grains are hidden in feather like husks. It is obvious that people can get fine and polished rice and flour by getting rid of their impurities. For those who are particularly interested in the flavor of food nothing can be too refined. Pestle and mortar are used to grind and polish cereals and are useful to everyone. The desire of refining results in an excessive use of small and humble tools such as the pestle and mortar. How can the inventors be common people? In fact they are geniuses.

参 考 文 献

蔡辉.语料对齐工具的性能比较与选择[J].中国翻译,2019,40(3):150-155.

曹新宇,陈孔莉,金锦珠.涉外农业企业语言服务人才需求分析及其启示[J].当代外语研究,2017(5):21-26,110.

陈朗,李婧,孙毅.基于认知组构的译后审校能力模型及其实证研究[J].上海翻译,2022(1):40-46.

陈英祁,华佳陈,王浩南,等.语言与翻译服务行业人才需求的调查与分析:以全球100强语言服务提供商(LSPs)为例[J].东方翻译,2016(4):32-39.

戴光荣,刘思圻.神经网络机器翻译:进展与挑战[J].外语教学,2023,44(1):82-89.

方梦之,范武邱.科技翻译教程[M].上海:上海外语教育出版社,2015.

方梦之.英语科技文体:范式与翻译[M].北京:国防工业出版社,2011.

方媛媛.科技翻译:语言服务的视角[M].合肥:中国科学技术大学出版社,2022.

傅勇林,唐跃勤.科技翻译[M].北京:外语教学与研究出版社,2012.

高璐璐,赵雯.机器翻译研究综述[J].中国外语,2020,17(6):97-103.

郭丽华,李卓夫,李德义.农学英语[M].哈尔滨:哈尔滨工程大学出版社,2007.

黎难秋.中国科学翻译史[M].合肥:中国科学技术大学出版社,2006.

李超.农业科技英语翻译理论技巧创新实践:评《农业科技英语》[J].中国农业气象,2022,43(7):593.

李海莹.百度公司搜索引擎技术的专利分析[J].中国发明与专利,2019,16(4):99-106.

李锦兰.必应搜索引擎特色功能简介[J].图书情报工作,2014,58(S2):189-192.

李丽霞.科技英语翻译理论与翻译技巧探索研究[J].科研管理,2021,42(4):210.

李沐,刘树杰,张冬冬,等.机器翻译[M].北京:高等教育出版社,2018.

李芝,吴增欣.农林国际学术交流英语[M].北京:中国人民大学出版社,2022.

李芝.农林学术英语[M].北京:清华大学出版社,2019.

梁钢,纪卫宁.农业科技英语应用翻译教程[M].北京:中国农业出版社,2021.

刘晓萍.涉农高校外语人才培养模式转型研究[J].池州学院学报,2023,37(5):142-145.

屈哨兵.语言服务引论[M].北京:商务印书馆,2016.

阮方圆.三大主流计算机辅助翻译软件[J].信息与电脑(理论版),2019(15):89-90,93.

申霄.语言服务:演变、价值及实践路径[J].现代语文,2022(10):47-52.

司敬新.在线词典的特点分析[J].中国电化教育,2005(2):84-85.
宋雅智.基于科技文体特征的翻译策略[J].中国科技翻译,2008,21(3):6-9.
孙俊豪.农科英语的文体特征与翻译策略[J].新闻爱好者,2010(12):126-127.
陶友兰,刘宁赫,张井.翻译技术基础[M].上海:复旦大学出版社,2020.
田开宇,郑淼,池晓华.中医药国际传播中术语音译规范的探讨[J].医学与哲学,2022,43(20):69-71.
田玉丰.农业科技汉译英指南[M].成都:成都科技大学出版社,1993.
王丹.农业科学英语术语的词汇特征及翻译[J].中国农业资源与区划.2023,44(8):231-232.
王华树,张成智.大数据时代译者的搜索能力探究[J].中国科技翻译,2018,31(4):26-29.
王华树.翻译技术100问[M].北京:科学出版社,2020.
王华树.翻译技术教程(上册)[M].北京:商务印书馆,2017.
王华树.翻译技术教程(下册)[M].北京:商务印书馆,2017.
王华树.翻译搜索指南[M].北京:中译出版社,2022.
王华树.人工智能时代翻译技术研究[M].北京:知识产权出版社,2020.
王静宣.农业英语[M].重庆:重庆大学出版社,2015.
王晓铂.中西茶文化差异对农业英语翻译的启示[J].福建茶叶,2022,44(1):244-246.
王振平.科普著作的文体与翻译[J].上海翻译,2006(2):35-38.
夏家驷.农业专业英语[M].武汉:武汉大学出版社,2011.
谢小苑.科技英语翻译[M].北京:国防工业出版社,2016.
闫欣,陈瑞哲,张井.翻译技术云平台的发展现状与趋势[J].中国科技翻译,2019,32(1):22-25.
杨琴.农业英语的特征与翻译方法研究[J].植物学报,2023,58(2):353-354.
喻希晨.农业科技术语翻译问题探析[J].中国科技翻译,2017,30(2):14-16,19.
岳峰,曾水波.科技翻译教程[M].北京:北京大学出版社,2022.
张成智,王华树.数字人文时代译员搜商调查研究[J].中国科技翻译,2023,36(2):5-7,11.
张丽霞,朱法荣.茶文化学英语[M].北京:世界图书出版公司,2015.
仲伟和,何刚强.科技翻译[M].北京:外语教学与研究出版社,2020.
左广明,李纯.科技文体翻译教程[M].武汉:武汉大学出版社,2012.